KB235837

공대를 꿈꾸는
청소년을 위한
필독서 10

공대로 가는 중입니다

이충한 지음

니케주니어

진로 선택은 누구에게나 어려운 일이다. 특히 청소년에게는 더욱 그렇다. 아직 길지 않은 삶의 경험을 바탕으로 중요한 결정을 내려야 하고, 그 영향은 오랜 시간 동안 이어지기 때문이다. 설령 나중에 자신의 선택이 잘못되었다는 사실을 깨달아도, 다시 방향을 바꾸는 일은 결코 쉽지 않다. 대한민국의 초·중·고등학교에서는 진로 교육을 실시하고 있지만, 그럼에도 불구하고 진로는 여전히 청소년에게 큰 고민거리다.

나를 잘 아는 사람에게는 다소 의외일 수 있지만, 사실 나는 초등학교 3학년 이후로 줄곧 문과, 그중에서도 사학과 진학을 꿈꿨다. 하지만 고등학교 1학년에서 2학년으로 올라가는 시기, 그러니까 당시 인문계 고등학교에서 문과와 이과가 나뉘던 시점에 여러 가지 우여곡절이 있었고 결국 이과를 선택하게 되었다. 그리고 그 선택을 기반으로 또 다른 여러 선택이 이어져 지금은 과학기술연구소에서 일하고 있다. 당연히 이 모든 과정이 쉬운 선택이었던 것은 아니다.

그중에서도 가장 결정적인 것은 대학 시절의 전공 선택이었다. 특별한 이유가 있었던 것은 아니지만, 그렇다고 해서 결코 가볍게 내린 선택도 아니었다. 주변 사람들에게 조언을 구하고 될 수 있는 한 많은 정보를 찾아봤지만, 그 모든 정보는 어디까지나 '남의 이야기'일 뿐이었다. 최종적인 선택은 나의 몫이었고, 그에 따르는 책임도 오롯이 내가 져야 했다.

이 책을 쓰게 된 이유는, 공대 진학을 꿈꾸거나 고민 중인 청소년에게 내가 느꼈던 그 막연함을 조금이라도 덜어주고 싶어서였다. 기존의 진로 안내서에는 다양한 전공과 그 전공을 통해 진출할 수 있는 직업들이 친절하게 소개되어 있다. 그러나 세상이 빠르게 변하는 만큼, 그 직업이 과연 지금의 청소년들이 사회에 나갈 무렵에도 여전히 존재할지, 또 사회가 그 직업을 필요로 할지는 장담할 수 없다.

그래서 나는 '쉽게 변하지 않을 것들'에 주목했다. 공대에는 어떤 전공들이 있고, 각 전공에서 무엇을 배우는지 미리 알 수 있다면, 진로에 대한 고민의 방향이 보다 구체적일 것이다. 그런 의미에서 갑자기 생겨났다가 사라지는 전공보다는 공학의 기초를 이루는 탄탄한 전공을 중심으로 소개하고자 노력했다. 이름은 달라져도 그 안에서 배우는 핵심 교과목은 변하지 않기 때문이다.

물론 공대에서 배우는 모든 내용을 한 권의 책에 담는 것은 불가능하다. 혼자서 그 작업을 한다는 건 더욱 어려운 일이다. 그렇다고 대학 전공 서적을 그대로 소개하자니 청소년에게는 너무 어려울 것이다. 그래서 대중 과학 도서 중에서 공학 지식을 다룬 책들을 골라 보았다. 비록 모든 공학 분야를 아우르지는 못했지만, 가장 기본이 되는 분야와 최근 주목받고 있는 분야를 균형 있게 담으려 노력했다. 각 도서의 내용과 저자 소개 그리고 선정 이유를 최대한 쉽게 설명했고, 단순한 책 소개에 그치지 않고 책 속에 담긴 공학 개념을 좀 더 깊이 있게 설명함으로써 청소년들이 해당 전공에 대해 구체적으로 이해할 수 있도록 했다.

이 책에서는 총 10권의 필독서를 소개한다. 10권을 고르기 위해 수십 권의 책을 다시 읽고 오랜 시간 고민했다. 그만큼 여기에 실린 10권은 자신 있게 추천할 수 있는 훌륭한 책들이다. 최대한 자세히 설명하려 했지만, 나의 필력으로는 그 진가를 온전히 전달하기 어렵다. 선정된 책들은 반드시 직접 읽어 보기를 권한다.

　마지막으로, 이 책을 쓸 기회를 주신 니케주니어 이혜경 대표님께 감사드린다. 여러 번 마감을 연장해 주며 부족한 원고를 기다려 준 편집부에도 깊이 감사드린다. 또한 이 책을 집필할 수 있을 만큼의 지식을 쌓을 수 있도록 기회를 주신 부모님과 박사과정 지도교수 임우순 교수님, 석사과정 지도교수 최혁렬 교수님께도 감사의 말씀을 전한다. 끝으로 류홍서 대표님을 비롯한 '변화를 꿈꾸는 과학기술인 네트워크(ESC)'의 모든 회원과, 정재승 교수님을 포함해 '10월의 하늘'을 함께 준비한 분들께도 진심으로 감사드린다.

이충한

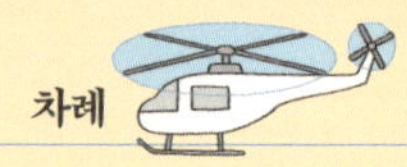

차례

1

공학과 과학은 어떻게 다를까?

공학을 생각한다

The Essential Engineer:
Why Science Alone Will Not Solve Our Global Problems, 2010

헨리 페트로스키 지음 | 박중서 옮김 | 반니 | 2017

공학과 과학 사이에서

대학에 가기로 결정했다면 전공을 골라야 한다. 대학에는 여러 전공이 있지만, 그중에서 공학을 배우는 학과를 묶어서 '공과 대학', 줄여서 '공대'라고 부른다. 대학마다 학부라는 이름으로 운영하는 곳도 있고, 명칭이 조금씩 다를 수는 있다. 하지만 졸업 후에 취업을 고민하다 보면 결국 공학 전공자 또는 공대 졸업자라는 이름으로 불린다는 것을 알게 될 것이다.

그런데 공학은 이름부터 생소하다. 초등학교, 중학교, 고등학교 12년 동안 수학이나 과학은 배웠지만 공학을 배워본 적은 없다. 과연 공학이라는 것은 무엇일까? 과학과는 어떤 차이가 있으며 과학자와 공학자는 어떻게 다를까?

이것은 간단한 문제가 아니다. 지금까지 많은 사람들이 고민하고 나름의 답을 찾아 치열하게 토론해 온 주제였고, 과학자와 공학자 그리고 철학자와 사회학자까지 모두 참여해 논의해 온 주제이다. 저자 헨리 페트로스키는 《공학을 생각한다》에서 공학자인 자신의 경험과 성찰을 통해 공학이란 무엇인지 설명한다. 만약 여러분이 과학과 공학 사이에서 전공을 고민한다면 어느 쪽이 적성에 더 맞는지 생각할 수 있는 기회가 될 것이다.

헨리 페트로스키는 실패 분석 전문가다. 일리노이대학교 어바나-샴페인(University of Illinois Urbana-Champaign)에서 이론 및 응용 역학으로 박사학위를 받았고 그 후 듀크 대학에서 토목공학과 석좌교수와 역사학과 교수를 지냈다. 스무 권 남짓한 책을 썼으며 많은 신문과 잡지에 글을 연재했다. 그는 실패 분석 전문가로서 우리 주변의 많은 물건이 지금의 모습을 가지게 되는 과정에서 얼마나 많은 실패가 있었는지 연구했다. 이 과정에서 그는 공학이란 무엇이고 과학과는 무엇이 다른지 깊이 있는 통찰의 시간을 가졌고 그 덕분에 이 책이 탄생할 수 있었을 것이다.

왜 과학이 공학보다 높게 평가되는 것일까?

《공학을 생각한다》는 그가 여러 잡지에 기고했던 글을 엮은 책이다. 한 챕터에 하나의 이야기를 담고 있기 때문에 책 전체를 모두 읽어야 한다는 부담은 적다. 마음에 드는 챕터를 골라 한 편씩 읽어보는 것을 추천한다.

헨리 페트로스키는 이 책에서 과학과 공학의 관계에 대해 사람들이 가지고 있는 일반적인 상식을 반박한다. 과학이 발전하면서 공학이 되었다는 상식을 반박하는 것이다. 또 모든 연구자에게 '과학자'라는 말을 붙이는 언론 기사에 의구심을 가진다. 더 나아가 사람들이 과학과 공학, 과학자와 공학자를 제대로 구분하지 못하고, 과학은 추켜올리고 공학은 폄훼하는 세태에 아쉬움을 표한다.

사람들이 공학자에게 가지고 있는 편견에 관해서도 언급한다. 공학자가 인류의 삶의 개선에 더욱 직접적으로 그리고 더 많이 이바지하지만, 사람들은 여전히 과학자가 더 많이 공헌한다는 편견을 가진다는 것이다.

알고 보면 많은 저명한 과학자들이 사실은 발명가이기도 하며, 자신의 연구를 위해 필요한 기술을 직접 개발하기도 했다. 일반적으로 과학자라고 하면 이론을 탐구하는 사람이라는 이미지가 강하지만, 실제로는 기술과 밀접하게 연결되어 있는 경우가 많다.

　대표적인 예가 아인슈타인이다. 그는 한때 스위스 특허국에서 근무한 경험이 있을 만큼 기술에 대한 이해가 깊었으며, 후배이자 뛰어난 물리학자였던 레오 실라르드(Leo Szilard)와 함께 비기계식 냉장고를 발명해 특허를 출원하기도 했다. 이처럼 과학과 공학은 명확히 나눌 수 없는 영역이며, 과학자와 공학자의 경계 또한 그렇다.

　세계에서 가장 유명한 과학 관련 상인 노벨상을 만든 알프레드 노벨 역시 순수 과학자가 아니라 다이너마이트를 개발한 기술자이자 사업가였다. 하지만 그가 남긴 유언을 집행하는 과정에서 수상 기준을 정할 때, 과학자들의 자문을 받게 되면서 '과학적 발견'에 더 무게를 두게 되었다. 그 결과 노벨상은 과학적 발견에 수여하는 상이 되었고, 공학적 발명은 상대적으로 주목받지 못했다. 이러한 배경 속에서, 세계 각국은 위대한 공학적 성취를 기리는 상을 따로 제정하려는 노력을 계속하고 있다.

수많은 사례로 살펴보는 공학의 힘

과학, 공학, 기술에 대해 말하고 있는 책은 많지만, 대부분 과학자나 과학기술학자가 쓴 경우가 많고 공학자가 직접 쓴 책은 드물다. 간혹 있더라도 저자 자신의 전공이나 경험에서 크게 벗어나지 못하는 경우가 많다. 그러나 페트로스키는 다양한 분야의 기술적 실패에 대한 분석을 많이 해왔기 때문에 자신의 전공에 국한하지 않고 매우 다양한 과학기술에 대한 사례를 접할 수 있었다. 이러한 경험으로 그는 과학과 공학과 기술의 관계를 통찰할 수 있는 많은 기회를 가졌다. 또한 오랫동안 과학기술에 대한 글을 여러 매체에 연재한 경험이 있어서 사람들이 이해하기 쉽게 글을 쓸 수 있는 능력을 갖추었다는 점도 무시할 수 없다. 이 책은 지금 과학기술에 종사하고 있는 사람들뿐 아니라 과학자나 공학자 또는 기술자를 꿈꾸는 청소년도 쉽게 이해할 수 있다.

페트로스키는 이 책에서 정말 많은 사례를 언급한다. 흥미로운 사실은 그 사례의 출처가 모두 꼼꼼하게 정리되어 있다는 점이다. 책 뒷부분에 실린 '각주'는 스무 페이지를 훌쩍 넘는다. 이것은 그의 통찰이 아무 근거 없이 나온 것이 아니라는 것을 보여준다. 뿐만 아니라 평소에 여러 가지 자료를 수

집하고 정리해 두었다가 본인이 필요하다고 생각할 때 적절히 꺼낼 수 있는 능력을 가지고 있다는 것도 의미한다. 이는 이 책에 등장하는 많은 공학 지식보다도 연구자로서 그리고 학자로서의 페트로스키를 가장 잘 보여 주는 요소이다. 이 점을 염두에 두고 읽는다면 또 다른 감상 포인트를 가질 수 있을 것이다.

공학자들도 한몫했던 맨해튼 프로젝트

'맨해튼 프로젝트'는 제2차 세계대전 중 미국, 영국, 캐나다 등의 국가가 핵무기 개발을 위해 진행한 프로젝트의 명칭이다. 2023년 개봉한 영화 '오펜하이머'로 더욱 유명해진 이 프로젝트는 미국과 캐나다 전역에서 이루어졌다. 한편으로는 반인륜적인 대량살상무기를 만들었다는 비난을 받기도 했고, 다른 한편으로는 원자력의 실용화를 가능하게 했다는 긍정적인 의견도 있다.

이 프로젝트에서는 줄리어스 로버트 오펜하이머, 엔리코 페르미, 아서 홀리 콤프턴을 비롯한 물리학자들의 업적이 잘 알려져 있다. 하지만, 공학자와 기술자들의 공로도 매우 크다.

프랭클린
톰슨 마티아스
버니바 부시
레슬리
리처드 그로브스
맨해튼 프로젝트
일본

아인슈타인과 오펜하이머

우선 맨해튼 프로젝트를 포함해 당시 미국의 모든 전쟁 관련 과학기술 개발을 총괄했던 인물이 이 책에서도 등장하는 버니바 부시(Vannevar Bush)다.

그리고 레슬리 리처드 그로브스(Leslie Richard Groves Jr.)는 당시 미국 육군 공병 장교이자 엔지니어로 맨해튼 프로젝트를 총괄했다. 또 같은 공병 장교이자 토목 엔지니어였던 프랭클린 톰슨 마티아스(Franklin Thompson Matthias)는 원자폭탄에 들어가는 물질인 플루토늄을 만들기 위한 시설의 공사를 총감

독했다. 바로 워싱턴 주에 있는 핸포드 구역(Hanford Site)이다. 마티아스는 전기와 물이 많이 필요한 이 시설이 들어갈 위치를 선정하고 플루토늄 생산과 정제가 잘 진행될 수 있도록 설비를 배치했다.

이 외에도 과학자들이 생각한 설계를 실제로 만들어 원자폭탄을 만든 것은 공학자들이었다. 1940년대만 해도 과학과 공학은 지금처럼 구분되어 있지 않았기 때문에 많은 과학자들이 지금의 공학자들이 하는 역할을 했다. 그리고 학자들의 경험은 공학이 되어 지금의 원자력 공학을 탄생시키는 데 매우 큰 도움이 되었다.

참고자료

영화 〈오펜하이머〉, 2023
공학이란 무엇인가, 성풍현 지음, 살림Friends, 2013

2

공학 지식과 모험이
어우러진 소설

마션

The Martian, 2014

앤디 위어 지음 | 박아람 옮김 | RHK | 2021(개정판)

픽션으로 이해하는 공학

앞에서 우리는 공학이란 무엇인지 살펴보았다. 이번에는 구체적으로 공학이 무슨 일을 하는지 알아보자.

일단 공학의 각 영역이 하는 일을 알아보기 전에 우리가 이야기했던 공학의 본질, 즉 과학적 방법을 이용해 문제를 해결하는 방법을 생각해 보자. 이때는 가상의 이야기가 가장 좋다. 왜냐하면 현실의 이야기는 너무 한 분야의 문제만 다루는 경우가 많기 때문이다. 좋은 가상의 이야기는 다양한 영역에서 공학 지식을 어떻게 적용하는지 잘 설명해 준다. 여기서 '잘 설명한다'는 것은 문제와 문제를 해결해야 하는 상황에 대해 명쾌하게 정리하면서도, 문제를 해결하는 과학적 원리를 너무 깊이 다루지는 않아서 독자가 이해할 수 있는 정도의 설명을 의미한다.

그런 이유에서 유일하게 소개하는 픽션이 바로《마션》이다.

저자인 앤디 위어는 어려서부터 아서 C. 클라크나 아이작 아시모프의 책을 탐독하면서 SF 소설에 대한 꿈을 키웠다. 대학에서는 컴퓨터과학을 전공했지만 중퇴하고 샌디아 국립연구소와 게임회사인 블리자드에서 프로그래머로 일했다. 블리자드에서는 '워크래프트 2'의 개발에도 참여했다. 그러다 자신의 홈페이지에 작품을 올리기 시작했다. 2001년부터 2008년까지 '케이시와 앤디(Casey and Andy)'라는 만화를 일주일에 세 번, 월요일, 수요일, 금요일에 업로드했고, 2006년부터 2008년까지는 '체셔 크로싱(Cheshire Crossing)'이라는 만화도 그렸다. 2009년에는 '알(The Egg)'이라는 단편 소설도 썼다.

그 후 본격적으로 쓴 첫 장편소설이《마션》이다. 그는 이 작품을 자신의 홈페이지에 무료로 게재했는데 글을 읽던 독자들이 제대로 출판해달라고 요청하자 직접 전자책을 만들어 아마존에서 0.99 달러에 판매하기도 했다. 그러다가 2014년 종이책으로 정식 출판되었다.

《마션》은 큰 인기를 끌었다. 2014년 뉴욕타임스 베스트셀러 12위에 올랐고, 월스트리트 저널은 '2014년 최고의 순수

SF 소설'이라 평가하기도 했다. 이듬해인 2015년에는 리들리 스콧 감독, 맷 데이먼, 제시카 채스테인 주연의 영화로도 제작되어 상영되었다. 2017년에는 소설 《아르테미스》, 2021년에는 《프로젝트 헤일메리》를 발표했다.

화성에서 혼자 살아남았다면

우주 비행사 마크 와트니는 불의의 사고로 화성에 홀로 낙오한다. 마크의 최종적인 목표는 지구로 돌아가는 것이다. 하지만 지구로 돌아갈 수 있을 때까지는 적대적인 환경의 화성에서 살아남아야 한다. 더 정확하게는 다음 화성 탐사대가 오는 4년 동안 화성에서 홀로 생존해야 하는 것이다.

다행히 마크는 식물학 전공자이자 기계공학 전공자로서의 지식과 능력을 이용해 주변 상황을 파악하고 생존을 위협하는 문제를 하나씩 해결해 나간다.

마크는 우선 낙오하게 된 원인인 자신의 상처를 치료해야 한다. 다행히 화성의 추운 날씨 덕분에 피가 얼면서 금방 지혈되었고, 가지고 있던 의약품으로 응급처치는 마쳤다. 자, 이제 생존을 시작해야 한다. 우주선에는 한 번에 보낼 수 있는

짐의 무게가 정해져 있어서 화성 탐사대는 필요한 모든 설비를 가져올 수는 없었다. 그래서 필요한 생존 공간, 필요한 자재, 식량 등을 미리 화성에 가져다 놓았는데, 그 덕분에 일단 마크 한 사람에게 필요한 산소와 물은 어느 정도 확보가 되었다. 원래 화성 탐사대가 지내기로 한 막사도 있고, 그 막사에는 산소 발생기도 있다. 4년을 지낼 만큼 충분한 양인지는 모르지만, 일단 다른 생존 방법을 도모하는 데 필요한 시간만큼은 번 셈이다.

이제 식량을 구해야 한다. 물론 화성 탐사대가 식량을 미리 가져다 놓기는 했지만, 어디까지나 화성에 머무는 기간만큼의 분량이었지, 4년이나 가능할 만큼은 아니었다. 마크는 식물학 전공을 살려 먹을 것을 재배하기로 한다. 지구에서 흙을 가져왔을 리는 없으니, 화성의 흙을 이용해야 한다. 하지만 화성의 흙에는 식물에 필요한 양분이 없으므로 양분도 공급을 해줘야 한다. 그는 화성의 흙에 박테리아를 키우기 시작한다.

또 한 가지 문제가 있다. 자신이 먹을 물도 부족한 상황에서, 식물을 키우는 데 필요한 물까지 구해야 하는 것이다. 그래서 아주 산소와 수소를 직접 반응시켜 물을 만들었다. 하지만 이 실험은 밀폐공간에서 진행하기에는 너무나 위험했다. 그럼에도 위험을 무릅쓰고 진행하면서 마크는 몇 번이나 아찔한 경험을 해야 했다.

어쨌든 공기와 물과 식량을 구했으니 가장 기본적인 생존 조건은 완성되었다. 이제 자신이 살아 있다는 것을 지구에 알려야 한다. 그래야 4년 후에 다음 탐사대가 오더라도 우주선에 자리가 없어서 돌아갈 수 없는 상황이 벌어지지는 않을 테니까. 마크는 주변의 도구들을 점검하고 나서, 이 상태로는 지구와 통신하기는 어렵다는 결론을 내린다. 하지만 주변에 도구가 없다면 더 멀리 가서 찾으면 되는 법이다. 그는 새로운 통신 도구를 찾아 황량한 화성의 사막을 헤맨다.

한편 마크를 제외한 모든 사람은 그가 화성에서 죽은 줄 알고 있었다. NASA의 직원들은 그의 사망 소식에 침통해 있는 상황이다. 그러나 직원 한 명이 화성의 표면 사진을 보고 뭔가 이상하다고 느끼고 상관에게 조심스럽게 보고한다. 화성 탐사대를 위해 준비해 놓은 장비에 누군가 손을 댄 흔적이 있고, 그것이 마크일 수도 있다고.

NASA 직원들은 고민을 거듭한다. 마크가 살아 있다는 여러 가지 정황은 있지만, 그의 생존을 확인하는 가장 좋은 방법은 통신을 하는 것이다. 그리고 마크가 살아 있다면 그가 어떻게 지구와 연락을 시도할지 예상해 본다. 다행히 예상은 딱 맞아떨어지고, 마크는 지구와 교신을 할 수 있게 된다.

그러나 이것으로 끝이 아니다. 문제는 계속해서 생긴다. 과연 마크는 이 모든 어려움을 극복하고 부모님이 기다리는 지구로 돌아갈 수 있을까?

결과를 예측해 보는 모델링

이 책 전반에 걸쳐 주목해 볼 부분이 있다. 바로 공학을 이용해 눈앞의 문제를 해결하는 과정이다. 마크가 화성에서 마주치는 문제는 인류가 화성 탐사를 생각하면서 걱정했던 문제를 기반으로 한다. 그래서 그 문제는 충분히 현실성이 있다. 소설 속에서 마크는 과학에 근거한 현실성 있는 해결 방법을 찾아낸다. 더욱 놀라운 것은 이런 과정 하나하나에 충분한 과학적 근거가 있다는 것이다.

문제 해결 방법은 과학과 공학, 어느 특정 영역에 치우치지 않는다. 마크가 물과 산소를 만들어 내는 방법은 화학공학을, 감자를 키우는 방법은 농학을, 로버를 타고 이동하는 방법은 기계공학을, 지구와 통신하는 방법은 컴퓨터과학을 기반으로 한다. 그리고 그 원리와 과정을 자세하게, 그러나 어렵지 않게 설명한다.

영화 〈마션〉의 포스터

　마크는 생존을 위한 문제를 해결할 때 과학 지식을 이용하는데 이 과정이 공학의 중요한 특성을 매우 잘 보여 준다. 우선 자신이 필요한 것을 생각하고, 문제를 해결하기 위한 재료가 주변에 있는지 확인한다. 그리고 찾아낸 방법의 과학적 원리를 생각하고, 위험 요소를 가늠한 다음, 결과를 예측한다.

　예를 들어 얼마의 시간이 지나면 산소가 어느 정도 나올 것인지, 여기서 다른 장소로 이동하는 데 시간이 얼마나 걸릴 것이며, 어느 정도의 전기가 필요한지, 계산을 통해서 예측한다. 이 과정을 '모델링'이라고 한다. 모델링은 과학이나 수학 지식과 경험을 통해 내가 하려는 일의 결과를 대략 예측하는 방법이다. 물론 현실에서는 여러 가지 변수가 있어서 모델링의 결과가 그대로 나오지는 않는다. 혹은 모델링을 할 때 놓친 부분이 있어서 미처 예상하지 못한 문제가 일어날 수 있다. 마크도 이런 이유로 생긴 사고 때문에 몇 번의 위기를 넘겨야 했다.

그러나 모델링을 통해 어느 정도 예측을 하고 계획을 세워서 나온 결과와, 모델링 없이 되는 대로 실행했을 때 나오는 결과는 매우 다르다. 또 미처 파악하지 못한 문제가 생길 때에도 문제의 원인을 빨리 파악하고 해결하는 데 모델링은 큰 도움이 된다. 왜냐하면 자신이 어디까지 알고 있는지, 어느 부분은 모르고 있는지 모델링 과정을 통해 파악할 수 있기 때문이다.

문제가 생기는 경우는 크게 두 가지다. 알고 있다고 생각했던 부분을 잘못 알고 있었거나, 아니면 모르고 있던 부분이 상당히 큰 역할을 하고 있는 경우다.

이 책에 등장한 하나의 예를 생각해 보자. 감자를 키우기 위해 준비하던 마크는 자신이 마실 물은 어떻게든 구할 수 있지만 감자를 키우기에는 부족하다는 것을 깨닫는다. 즉 물이 부족하다는 문제를 깨달은 것이다. 그러면 이것의 해결책은 물을 만드는 것이다. 그다음 마크는 목표를 달성하기 위한 과학적 사실을 떠올린다. 바로 물은 산소와 수소로 이루어져 있다는 것이다. 그러면 어떻게 산소와 수소를 구하고, 어떻게 이 둘을 결합할 것인가를 결정해야 한다. 산소 탱크가 기지에 있다는 사실을 알아낸 마크는 두 가지 과학적 사실을 추가로 떠올린다.

1. 지금 화성에 있는 로켓연료는 질소와 수소로 구성되어 있다.

2. 산소를 이용해 수소를 태우면 물이 생긴다.

또한 이 방법의 단점도 떠올린다. 수소는 천천히 산소와 결합해야 하며 빠르게 결합하면 폭발이 일어난다는 것이다. 그래서 마크는 우선 로켓연료를 분해해 수소를 만든 다음 산소를 매우 조금씩 공급해 천천히 물을 만든다. 그리고 수소와 산소의 양을 조절하면 얼마만큼 물이 생길지와 얼마나 이 과정을 유지해야 하는지도 예측한다. 여기까지가 마크가 산소와 물을 이용해 물을 만드는 과정을 모델링했던 부분이다.

처음에는 성공적이었다. 그러나 얼마 못 가 마크는 폭발에 휘말린다. 그 이유는 자신이 모델링한 과정에서 자신의 날숨에서 나오는 산소를 고려하지 않았기 때문이다. 최대한 빠른 반응을 위해 폭발이 일어나지 않는 범위 안에서 산소를 최대한 공급하고 있었는데, 날숨에 섞여 있는 산소 때문에 수소가 폭발을 일으킬 수 있는 정도까지 산소 농도가 증가한 것이다. 하지만 마크는 자신이 어떤 원리를 이용해서 물을 만들고 있었는지 또 수소와 산소와 물의 양에 대해 알고 있었기 때문에 금방 이유를 찾아 방법을 개선할 수 있었다.

모델링은 공학적인 방법으로 문제를 해결할 때 매우 큰 도움이 된다. 그리고 그 해결책이 비록 완벽하지 않더라도 문제의 원인을 찾아 더 좋은 해결책을 만드는 데 도움을 준다. 공대에 진학하면 학부 과정 동안 모델링에 필요한 기초 지식과 이를 이용해 다양한 모델링을 해보는 경험을 가질 수 있다.

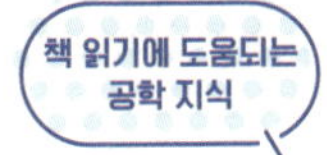

우주 탐사선의 동력으로 사용되는 방사성 동위원소 열전 발전기

'동위원소'란 같은 원소 중에서 가지고 있는 양성자의 수는 같지만, 중성자의 수가 다른 원소를 의미한다. 방사성 동위원소란 동위원소 중에서 성질이 불안정해서 스스로 방사선을 내뿜고 더 안정적인 원소로 변하는 동위원소를 말한다. 이 현

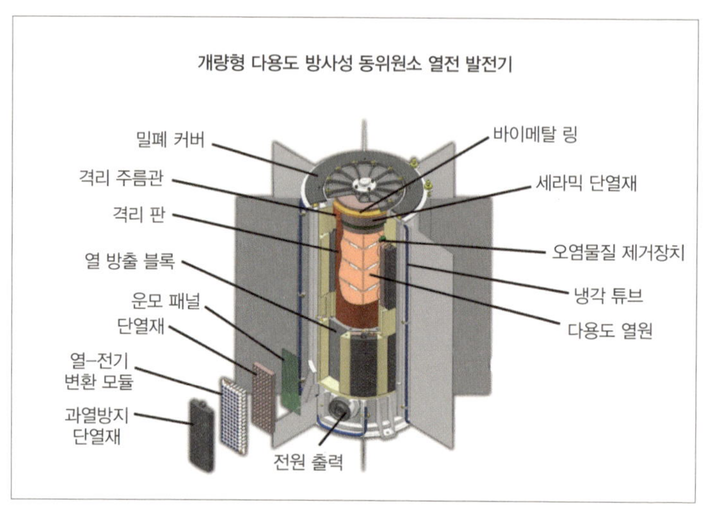

방사성 동위원소 열전 발전기의 구조

상을 '방사성 동위원소가 붕괴'한다고 하는데, 이때 일어나는 열과 열전효과를 이용해 전기를 만드는 발전기가 '방사성 동위원소 열전 발전기(RTG: Radioisotope Thermoelectric Generator, RTG)'이다.

'열전효과'란 어떤 물질에 열을 가하면 그 물질에서 전기가 나타나는 현상이다. 원자력 발전에서는 방사성 물질에 중성자를 쏘아 일어나는 핵분열에서 발생한 열을 이용해 물을 끓여 증기를 만들고, 이 증기를 증기 터빈에 넣어 발전기를 움직여서 전기를 만든다. 방사성 동위원소 열전 발전기는 중성자를 쏘아주지 않아도 열을 만들 수 있고, 증기 터빈과 발전기 없이 열전효과를 가지는 물질을 이용해 전기를 만들기 때문에 원자력 발전보다 훨씬 작은 크기로 만들 수 있고, 특별한 시설 없이도 꾸준히 전기를 만들 수 있다.

하지만 방사성 동위원소에서 나오는 열은 원자력 발전소의 원자로에서 나오는 열보다 훨씬 적고, 증기 터빈 발전기의 효율보다 떨어져, 만들 수 있는 전기의 전압과 전류 모두 원자력 발전소에 비하면 훨씬 부족하다.

이러한 특징 때문에 방사성 동위원소 열전 발전기는 주로 우주 공간에서 태양전지를 쓸 수 없는 상황의 우주 탐사선 동력으로 많이 쓰인다. 지금까지 아폴로 계획, 보이저 우주 탐사선 프로그램 등 많은 우주 탐사선이 방사성 동위원소 열전 발전기를 가지고 있었고 도움을 받았다.

참고자료

아르테미스, 앤디 위어 지음, 남명성 옮김, RHK, 2021
삼체, 류츠신 지음, 이현아, 허유영 옮김, 자음과모음, 2020

우리는 공학 속에 살고 있다

도구와 기계의 원리 NOW

The Way Things Work Now, 2016

데이비드 맥컬레이, 닐 아들레이 지음 | 박영재·김창호 옮김 | 크래들 | 2016

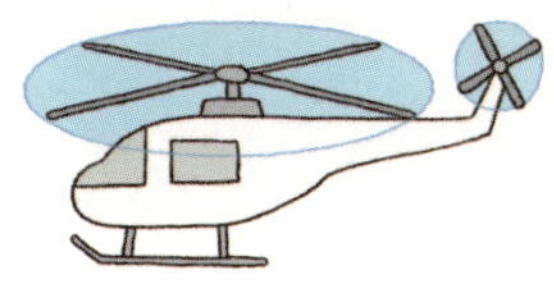

도구로 살펴보는 과거, 현재, 미래

이제부터는 문제를 해결한다는 공학이 어떻게 문제를 해결해 왔는지 살펴볼 차례다. 공학이 다양한 문제를 해결해 온 결과는 바로 공학을 통해 만든 여러 가지 도구와 기계다. 도구와 기계에는 어떤 것이 있고, 어떤 과학적 원리를 이용해 작동하는 걸까? 데이비드 맥컬레이와 닐 아들레이가 쓴 《도구와 기계의 원리 NOW》는 도구 마니아라면 한눈에 반할 만한 놀라운 책이다.

크게 다섯 개의 장으로 구성되어 있고 각 장마다 다양한 공학 원리를 설명한다. 시작은 이 책의 핵심인 매머드다. 지금과 같은 기술이 없던 선사 시대 어딘가를 배경으로, 매머드를 중요한 가축이자 동력으로 삼아 살아가는 사람들 사이에서 매머드를 이용한 발명을 소재로 이야기를 시작한다.

1장은 움직이는 기계 부품의 원리와 사용처에 대한 내용이다. 사람보다 훨씬 무거운 매머드를 어떻게 옮길지 고민하면서 보다 적은 힘으로 무거운 물체를 옮길 때 필요한 빗면, 지레, 축바퀴, 도르래에 관해 알아보고, 빗면을 이용한 도끼나 지퍼, 지레를 이용한 도구인 저울과 피아노에 대해서도 설명한다.

이 외에 축바퀴를 이용한 수력 발전용 터빈, 힘을 저장하는 부품인 스프링, 스프링을 이용해 만든 자동차가 어떻게 충격을 흡수하는지 설명한다.

2장은 자연에서 나오는 힘의 원리와 그것을 어떻게 이용하는지에 대한 것이다. 무거운 매머드가 가라앉지 않고 어떻게 물 위에 떠서 이동하는지 살펴보면서 배가 물에 뜨는 부력의 원리를 알려준다. 양력은 바람이나 물 같은 유체의 흐름에 의해 위로 작용하는 힘으로, 주로 비행에 이용된다. 압력은 적은 힘으로도 무거운 물체를 쉽게 들어 올릴 수 있게 한다.

또 매머드의 체온을 어떻게 이용하는지에 대한 이야기로 열이 이동하는 세 가지 방법인 전도, 대류, 복사를 설명한다. 열을 이용하는 용광로나 토스터기, 열을 빼는 장치인 냉장고와 에어컨에 대해서도 언급한다. 마지막은 원자력이다. 원자력의 기본 원리인 핵분열과 핵융합 그리고 핵분열로부터 나온 열을 어떻게 이용하는지 알 수 있다.

3장은 파동이다. 우리 주변에서 가장 자주 느끼는 파동은 역시 빛과 소리다. 빛의 반사와 굴절은 반사를 일으키는 거울과, 굴절을 일으키는 렌즈로 설명하고 이를 이용한 망원경과 현미경의 원리도 알려 준다. 사진과 인쇄의 원리, 카메라의 원리도 언급한다.

또 소리는 어떻게 내는 것이며, 어떻게 들리는지, 특히 목관악기나 금관악기 같은 여러 가지 악기가 어떤 원리로 소리를 내는지 알려 준다. 마지막으로는 전기 통신을 다루어 우리가 어떻게 라디오를 들을 수 있는지도 설명한다.

4장은 전기와 자동 제어다. 전기는 우리가 현대 문명을 살면서 가장 많이, 편하게 사용하는 에너지원이다. 전기를 이용한 도구의 원리와 주변에서 쉽게 볼 수 있는 시계, 건전기, 리모컨 같은 도구들이 어떻게 작동하고, 그 과정에서 전기를 어떻게 이용하는지 보여 준다. 전자석, 영구 자석과 함께 자기장을 이용한 도구, 로봇을 움직이는 전기 모터와, 힘으로부터 전기를 만드는 발전기에 대해서도 설명한다.

'자동 제어'란 어떤 장치를 내가 원하는 대로 스스로 움직이게 하는 것이다. 그러려면 기계나 도구가 자신의 현재 상태를 알아야 한다. 이렇게 주변의 상태를 알게 해주는 장치를 '센서' 또는 '탐지기'라고 한다. 이 책에는 매머드를 이용한 여러 가지 센서에 대한 재밌는 이야기가 등장한다. 지진계나 음주 측정기 같은 센서를 소개하고, 센서를 응용해서 만든 에어백이나 자동 조종장치에 관해서도 소개한다.

5장은 컴퓨터의 원리다. 마지막 장답게 마지막 매머드가 쓸쓸하게 등장하지만, 사람들은 여전히 매머드를 반기며 새로운 세상인 컴퓨터의 세계를 보여 준다. 컴퓨터, 특히 현대 컴퓨터의 원리는 0과 1로 이루어진 비트(bit)이다. 여기서는 비트를 어떻게 만들고 저장하는지 설명한다. 비트는 키보드나 마우스 같은 입력장치로 컴퓨터에 신호를 보내 만들고 이렇게 만들어진 비트는 메모리칩이나 하드디스크에 저장된다. 저장된 비트는 논리게이트를 엮어 만든 마이크로칩을 통해 처리된다. 그리고 그 결과는 모니터나 프린터 같은 출력장치로 전송된다. 이 과정을 통해 컴퓨터뿐만 아니라 컴퓨터의 주변기기가 어떻게 작동하는지도 알 수 있다.

그림으로 이해하는 도구와 기계의 원리

《도구와 기계의 원리 NOW》가 얼마나 훌륭한지를 한 문장으로 표현해보면 다음과 같다. '나는 이 책을 초등학교 시절부터 지금까지 반복해서 읽었고, 지금도 읽을 때마다 새로운 것을 배운다.'

이 책이 우리나라에 처음 출판된 것은 1993년인데 1997년, 2002년, 2016년에 새로운 내용이 추가되어 개정판이 나왔다. 그래서 처음 이 책을 읽었을 때는 200쪽이었지만, 지금은 400쪽으로 두 배나 분량이 늘었다. 그만큼 새로운 도구가 나올 때마다 빠르게 반영한 것이다.

이 책은 서점에서 어린이용으로 분류된다. 여러 가지 도구에 대한 설명을 초등학생이 이해할 정도로 간결하게 풀어썼기 때문이다. 별다른 수식 없이 도구의 원리를 그림과, 길지 않은 설명으로 풀어냈다는 점이 놀랍다.

《도구와 기계의 원리 NOW》의 저자 데이비드 맥컬레이는 1946년 영국에서 태어나 미국 로드아일랜드 디자인 학교에서 건축학을 전공했다. 그 후 로마 폼페이 등에서 공부를 이어가다가, 인테리어 디자이너, 고등학교 교사, 일러스트레이터로 일했다. 또 건축에 관한 책을 써서 작가 겸 일러스트레이터로도 널리 알려졌다. 출간되자마자 세계적인 베스트셀러가 된 그의 첫 작품 《대성당》은 중세 시대의 건축물에 대한 그림책으로, 칼데콧상을 비롯해 독일 청소년 도서상, 네덜란드 실버펜슬상 등 많은 상을 받았다. 맥컬레이는 특히 기계나 과학적 원리, 복잡한 프로세스 등을 그림을 통해 설명하는 능력이 탁월하다는 평가를 받고 있다.

양력을 만드는 날개

이 책에서는 정말 다양한 도구의 원리를 다루기 때문에, 설명할 공학 지식 한 가지를 고르기는 어려웠다. 그래서 다른 장에서 다루지 않는, 그러나 매우 중요한 공학 지식을 살펴보고자 한다. 바로 '날개'다.

하늘을 날고 있는 비행기에는 여러 가지 힘이 작용한다. 앞으로 나아가게 하는 힘인 추력(推力, Thrust), 추력에 저항하는 힘인 항력(抗力, Drag), 지구가 아래로 당기는 힘인 중력(重力, Gravity), 그리고 위로 작용하는 힘인 양력(揚力, Lift)이다. 양력을 만들어 주는 것이 바로 날개다.

날개라고 말은 했지만, 좀 더 전문적인 용어를 쓰자면 '에

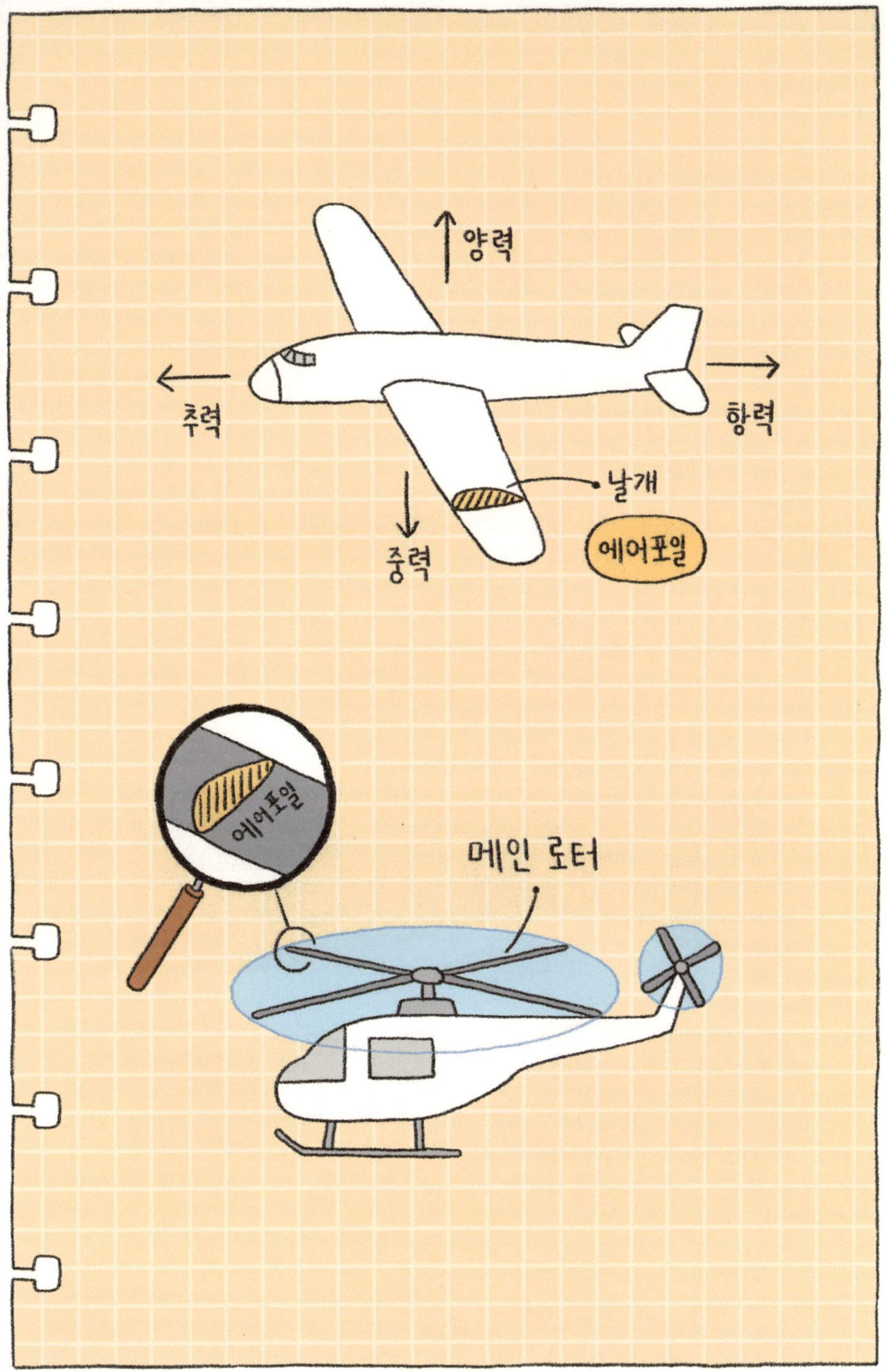

양력
항력
추력
중력
날개
에어포일
에어포일
메인 로터

어포일(Airfoil)'이다. 에어포일은 익형(翼型), 즉 '날개 모양'이라고도 부른다. 에어포일은 여러 가지 모양이 있지만 기본적으로 위는 볼록하고(캠버) 아래쪽은 평평하거나 볼록한 모양을 가지고 있다. 에어포일은 모양에 따라 성능이 결정된다. 그래서 에어포일의 모양을 수식으로 표현할 수 있으면, 그 수식에 들어갈 숫자로 에어포일의 모양을 정할 수 있다.

이러한 작업의 결과물이 바로 'NACA 에어포일'이다. NACA는 미국 국가항공자문위원회(National Advisory Committee for Aeronautics)의 약자로, 지금의 미국 항공우주국(National Aeronautics and Space Administration, NASA)의 전신이다. NACA는 에어포일의 모양에 따라 각각 어떤 성능이 나오는지 실험을

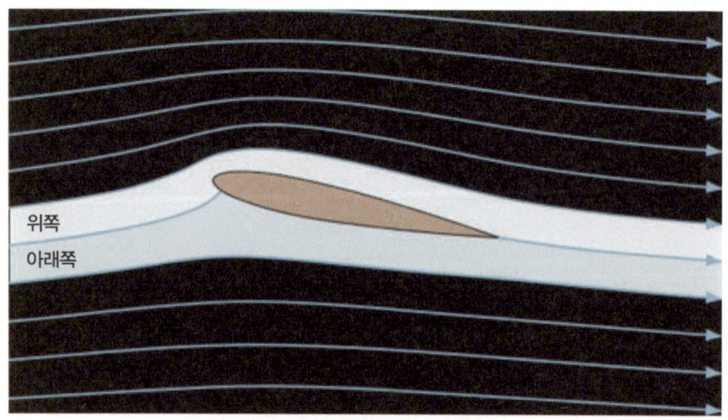

NACA 0012 에어포일과 주변 공기 흐름

통해 측정하고 그 결과를 공개했다. NACA 에어포일은 네 자리 또는 다섯 자리 숫자로 이루어진 코드로 구분되고, 이 숫자를 알면 에어포일의 모양과 성능을 알 수 있다.

에어포일뿐 아니라 비행기도 만들고 나면 실제 공기 중에서 설계했던 것처럼 작동하는지 확인하기 위해 실험을 해야 한다. 실험을 할 때는 날개나 비행기를 실제로 움직이는 것이 아니라 밀폐된 공간에서 정지해 있는 날개나 비행기에 바람을 쏘아주는데, 이런 설비가 있는 공간을 '풍동(風洞, wind tunnel)'이라고 한다. 풍동은 만들기 어렵기 때문에 날개나 비행기를 작게 만든 모형을 이용해 실험한다.

공기는 에어포일을 지나가면서 에어포일의 위쪽과 아래쪽으로 갈라져 흐르게 된다. 그렇게 되면 에어포일 위쪽으로 힘이 생기는데 이것이 날개가 만드는 양력이다. 양력이 생기는 과학 원리는 매우 복잡하다. 이것을 간단하게 설명하기 위해 여러 가지 이론이 나왔지만, 대부분 실험을 통해 반박되었다.

그 중 가장 유명한 것이 '긴 경로 이론'이다. 이것은 에어포일에서 공기가 위아래로 갈라지면서, 에어포일 뒤쪽에서 다시 만나는데, 위로 이동하는 공기는 에어포일에 있는 캠버를 거쳐서 더 먼 거리를 가지만 직선으로 이동하는 아래쪽 공기는 위쪽보다 짧은 거리를 이동하므로 위로 가는 공기가 아래로 가는 공기보다 속도가 빨라진다는 것이다. 그래서 '베르누이의 법칙(Bernoulli's equation)'에 따라 위로 가는 공기의 압력이 아래쪽 공기보다 적어져 위로 힘을 받는다는 주장이다.

그러나 풍동 실험을 통해 위로 가는 공기와 아래로 가는 공기가 동시에 다시 만나지는 않고 엇갈려서 만난다는 것이 밝혀지면서 이 주장은 전제부터 틀린 것이 되었다. 이 주장이 얼마나 유명한지 미항공우주국에서는 아래 그림을 통해 직접 반박까지 할 정도였다.

지금까지 살펴본 것을 종합하면 양력이 일어나려면 두 가

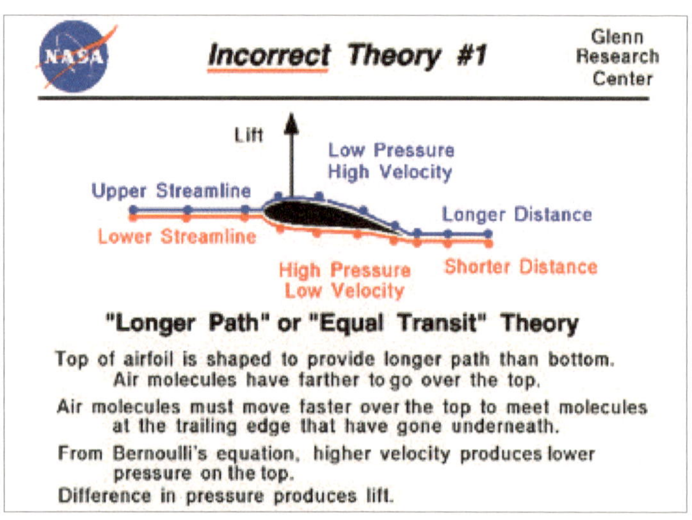

NASA 홈페이지에 게재된 긴 경로 이론의 반박 내용

지 조건이 필요하다. 첫 번째는 공기이고, 두 번째는 움직임이다. 공기가 없으면 양력은 일어나지 않는다. 그렇기 때문에 우주 공간에서는 비행기가 날 수 없다. 우주 공간에 있는 우주선들이 날개가 없는 이유다. 간혹 인공위성 중에는 날개처럼 보이는 넓은 판을 양쪽으로 가진 경우가 있기는 하지만, 그것은 날개가 아니라 전기를 공급하기 위한 태양전지판이다.

공기가 있어도 움직임이 없으면, 즉 흐르지 않으면 양력이 생기지 않는다. 그래서 비행기가 계속 떠 있으려면 일정한 속도를 유지해야 한다. 비행기가 이륙할 때 충분한 길이의 활주로가 필요한 이유가 바로 비행기가 뜰 수 있을 만큼의 양력을 만들기 위해 계속 땅에서 가속해야 하기 때문이다.

또한 착륙하기 직전까지 충분한 양력을 얻어야 비행기가 추락하지 않으므로 비행기는 랜딩기어의 바퀴가 땅에 닿을 때까지 충분한 속도를 유지해야 한다. 그래서 비행기가 착륙 후에 속도를 줄일 수 있는 충분한 길이의 활주로가 필요하다. 이처럼 활주로는 이륙과 착륙, 모두에게 중요하다. 물론 이착륙 시에 필요한 최소한의 속도를 조금이라도 줄이기 위해 낮은 속도에서도 필요한 양력을 만들 수 있다. 이것을 '고양력장치(High-lift device)'라고 부르는데 '플랩(Flap)'이 가장 대표적이다. 그러나 플랩은 항력도 증가시키기 때문에, 이착륙 과정

양력을 일으키는 헬리콥터의 프로펠러

에서만 사용하고 충분히 속도가 올라가면 원래대로 접고 쓰지 않는다.

헬리콥터는 날개가 없는 것으로 생각하기 쉽다. 하지만 우리가 '프로펠러'라고 부르는 '메인로터(Main Rotor)'가 실제로는 날개의 역할을 하며, 이를 통해 헬리콥터는 공중을 날 수 있다. 메인로터의 단면은 에어포일(Airfoil) 형태로 되어 있어서 회전하면서 공기를 가르면 양력이 발생된다. 이 덕분에 헬리콥터는 이론적으로 활주로 없이도 자유롭게 이륙과 착륙을 할 수 있다.

그러나 낮은 고도에서는 회전날개가 만든 바람이 지면에 부딪혀 다시 위로 되돌아오기 때문에 로터 주변의 공기 흐름을 방해해 위험할 수 있다. 따라서 비행기만큼 넓은 활주로는 아니더라도 주변에 장애물이 없는 충분히 넓은 공간에서 이착륙하는 것이 안전하다.

참고자료

100가지 물건으로 보는 우주의 역사, 스텐 오덴발드 지음, 홍주연 옮김, 스테이블, 2025
상상하는 공학 진화하는 인간, KAIST기계공학과 지음, 해냄, 2024

4

재료과학자가 설명해 주는 평범한 재료들의 놀라운 이야기

사소한 것들의 과학

Stuff Matters: Exploring the Marvelous Materials
That Shape Our Man-Made World, 2016

마크 미오도닉 지음 | 윤신영 옮김 | Mid | 2016

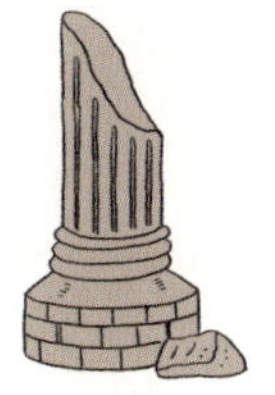

세상 보는 눈이 달라지는 재료의 세계

이번에 살펴볼 공학의 세부 분야는 재료과학이다. '재료공학'이나 '신소재공학'으로 불리는 이 분야는, 근본적으로는 재료에 대해 다룬다. 철과 구리 같은 금속 재료나 세라믹 등의 무기재료다. 그리고 이러한 재료들이 어떤 특징을 가지고 있으며 왜 그 특징을 가지고 있고, 어떻게 그 특징을 파악할 수 있는지에 대해 배운다. 물론 학부 과정을 지금 이해하기는 어려울 테니, 우리 주변에서 흔히 보는 여러 가지 재료들을 설명하는 책을 읽어보기로 하자. 마크 미오도닉의 《사소한 것들의 과학》이다.

이 책은 쉽게 만날 수 있고 자주 사용되는 재료인 강철, 종이, 콘크리트, 초콜릿, 거품, 플라스틱, 유리, 흑연, 자기, 생체 재료 등을 다룬다.

철, 특히 강철은 현대 문명의 중추를 담당했다. 그러나 강철을 인류가 자유자재로 사용하게 된 것은 그리 오래된 일이 아니다. 철의 녹는점은 1,500°C 정도로 매우 높고, 강철을 만들려면 탄소를 넣어야 하는데, 이 원리를 이해하고 실행하기까지 인류는 매우 긴 시간을 보내야 했다.

종이 또한 우리 주변에서 쉽게 볼 수 있는 재료다. 이 책도 종이로 만들어져 있다. 종이는 가장 오랫동안 정보를 기록한 매체이며, 종이컵처럼 여러 가지를 담는 용도로 쓰이기도 하고, 위생을 위한 휴지로 사용되기도 한다.

콘크리트는 큰 다리나 높은 건물을 짓게 해준 중요한 재료다. 하지만 그 역사는 생각보다 길어서 로마 시대까지 거슬러 올라가야 한다. 콘크리트는 누르는 힘에는 강하지만 당기는 힘에는 약하다는 단점이 있었는데 로마인들은 결국 이 단점을 극복하지 못했다.

현대인들은 강철과 콘크리트의 열팽창 계수(온도가 증가함에 따라 물질이 늘어나는 정도)가 매우 비슷하다는 사실을 알아냈다. 또 강철은 누르는 힘에는 약하지만 당기는 힘에 강하다는 것을 알고 강철과 콘크리트를 같이 사용하는 '강철 콘크리트'를 만

로마
콘크리트
누르는 힘
강함
철근
콘크리트
당기는 힘
약함
강철 콘크리트

들었다. 이로써 주변에서 볼 수 있는 많은 마천루가 가능하게
되었다. 강철 콘크리트로 만든 다양한 세계의 건축물에 대한
소개도 흥미롭다.

다디단 초콜릿은 많은 사람이 좋아하는 디저트이자 간식이
다. 초콜릿이 맛있는 이유는 단맛뿐 아니라 다양한 식감을 가
졌기 때문이다. 초콜릿을 포장지에서 꺼내면 단단하지만, 입안
에 넣으면 부드럽게 녹는다. 이 점이 사탕과 다른 점이다. 이렇
듯 초콜릿과 설탕이 각기 다른 성질을 가지고 있는 과학적인
이유가 바로 서로 다른 결정구조를 가지고 있다는 것이다.

미오도닉이 경험한 에어로젤 이야기도 흥미롭다. 미오도닉
은 외국인으로 미국 연구소에서 근무했는데 그 연구소의 보
안은 매우 엄중하게 관리되고 있었다. 그는 어떤 새로운 재료
를 보게 되었는데, 보안 사항이라 아무도 그것이 무슨 물질인
지 알려 주지 않았고 나중에야 그 재료가 젤(Gel)인 것을 알게
되었다. 젤이란 '두 가지 서로 다른 상태를 가진 물질이 섞여
있는 상태'를 의미한다. 특히 안에 공기가 들어 있는 경우는
'폼(Form)' 또는 '에어로젤(Aerogel)'이라고 부른다.

우리가 주변에서 가장 보기 쉬운 폼 상태의 물질은 폴리스
타이렌(Polystyrene) 안에 공기를 넣어 만든 재료인 '스티로폼'
이다. 스티로폼은 안에 공기가 들어 있어 푹신하고 가벼우며

열이 이동하는 것을 막아주기 때문에 택배의 내용물을 보호하는 완충재나 단열재로 쓰인다. 에어로젤은 우주선에서도 사용된다.

다음으로 다루는 재료는 플라스틱이다. 당시 박사과정 중이었던 미오도닉은 영화 '내일을 향해 쏴라'를 보러 영화관에 갔다. 그는 거기서 플라스틱을 너무 많이 쓴다는 누군가의 불평을 듣게 된다. 그리고 그 불평에 반박했지만, 논쟁에서는 패한다. 그는 플라스틱이 우리에게 얼마나 중요한지 설명하기 위해 자신이 봤던 '내일을 향해 쏴라'의 한 장면을 빌려 플라스틱의 중요성을 설명한다.

가장 처음에 등장한 플라스틱은 당구공이다. 그 이전까지 당구공은 상아로 만들었다. 코끼리의 엄니인 상아는 가볍고 단단하며 색을 입히기 쉬운 재료였지만 구하기가 어려워 값이 매우 비쌌다. 아프리카에서는 상아를 얻기 위해 코끼리의 밀렵이 성행할 정도였다. 이렇듯 다양한 재료의 역할을 담당하던 것으로는 말의 꼬리털인 말총과 고래수염, 바다거북의 등껍질이 있었다. 말총으로는 갓을, 고래수염으로는 코르셋의 뼈대를, 바다거북의 등껍질로는 빗을 만들었다. 하지만 튼튼하고 가벼우며 탄성이 있는 재료가 필요한 곳은 넘쳐났고, 자연에서 전부 구하기는 어려웠다.

　최초의 인공 플라스틱은 1869년에 미국의 존 웨슬리 하야트(John Wesley Hyatt)가 발명한 '셀룰로이드'다. 셀룰로이드는 면을 질산과 황산과 반응시켜 만든 '나이트로셀룰로스'와 '장뇌'를 혼합해 만든 재료다. 이 책에서 언급한 것처럼 당구공을 만드는 데도 사용했지만, 인류 역사에 가장 크게 이바지한 것은 사진 찍는 필름을 만드는 재료로 쓰였다는 점이다. 기존에는 유리에 화학물질을 발라서 사진을 찍었지만 무겁고 깨지기 쉬웠다. 셀룰로이드는 매우 가볍고 깨지지 않는다는 장점을 가지고 있었다. 또 자연에서 얻은 재료는 원하는 모양을 얻으려면 깎는 방법밖에 없었는데, 셀룰로이드는 녹인 다음 틀에 부어 굳히면 원하는 모양을 만들 수 있어서 더욱 유용했다.

　다음으로 다루는 재료는 유리다. 오늘날에는 창문이나 컵, 장식품으로 사용하는 흔한 재료지만, 예전에는 그렇지 않았다. 유리의 재료인 이산화규소(SiO_2)는 모래에 많은 재료이지만, 여기서 유리를 추출하려면 1,200°C의 온도가 필요했다. 당시 기술로 얻을 수 있던 온도가 700~800°C였던 것을 생각하면 상당히 높다. 결국 사람의 힘으로 유리를 얻을 수는 없었고, 사막에 벼락이 떨어져서 생기는 고온이 모래의 석영을 녹여서 만든 유리를 채취할 수밖에 없었다.

　이집트나 그리스 유물에서 보이는 유리는 대부분 이렇게

모래에서 추출한 이산화규소로 만드는 유리

얻은 것이다. 그러나 세월이 흐르면서 로마인들은 '나트론(Natron)'이라는 천연 탄산나트륨과 모래를 섞으면 좀 더 낮은 온도에서 투명한 유리를 얻을 수 있다는 걸 알게 되었다. 덕분에 로마 시대에는 유리로 만든 유물이 많았다. 그중 일부는 무역로를 거쳐 신라에 도착해 경주의 고분군에서도 발견되었을 정도다.

유리의 또 다른 특징은 투명함이다. 우리 주변에서 유리를 사용하는 이유 중 대부분은 투명하기 때문이다. 유리창은 투명해서 밖을 내다볼 수 있고, 유리 용기 안의 음식이 무엇인지, 얼마나 남았는지 파악할 수 있다. 미오도닉은 유리가 투명한 이유를 설명하면서 양자역학을 이용한다. 또 여러 가지 종류의 유리에 대해서도 설명하는데, 열팽창이 잘 일어나지 않아 뜨거운 것을 담아도 좀처럼 깨지지 않는 '붕규산염 유리(내열유리)', 충격에 강해 건축용으로 사용되는 '강화유리'처럼, 기존 유리의 단점을 보완한 다양한 유리는 우리가 좀 더 편리하게 살 수 있도록 돕는다.

다음 재료는 흑연이다. 연필이나 샤프를 쓸 때 항상 보는 재료다. 겉보기에는 약하고 무르지만 놀라운 비밀이 있다. 세상에서 가장 단단한 물질인 다이아몬드와 같은 원소로 구성되어 있다는 사실이다. 화학 시간에 배웠던 '동소체'의 가장 좋은 예이기도 하다. 탄소 원자가 어떻게 배치되느냐에 따라 각각의 성질이 결정되기 때문이다.

탄소는 흔한 원소 중 하나다. 우리 몸의 대부분이 탄소로 이루어져 있고, 우리가 쓰는 연료, 앞에서 말한 플라스틱, 심지어 강철에도 탄소가 들어 있다. 그 이유는 탄소 원자가 가장 바깥에 4개의 전자를 가지고 있어서 다른 탄소를 포함한 원소들과 안정적으로 결합하기 쉽기 때문이다. 이렇게 탄소가 단단하고 안정적으로 결합하면 다이아몬드이고, 육각형 모양으로 결합해 층층이 쌓이면 흑연이다. 흑연으로 연필심을 만들 수 있는 이유는 층끼리의 결합이 약해 종이에 대고 문지르면 층이 벗겨지면서 잘 묻어나기 때문이다.

과학자들은 흑연에서 탄소를 한 층만 떼어내면 어떻게 될지 궁금하게 여겼다. 스카치테이프를 흑연에 붙였다 떼는 방법으로 층을 분리해 낸 사람이 바로 이 책에서 미오도닉이 만났다고 자랑하는 안드레 가임(Andre Geim)과 콘스탄틴 노보셀로프(Konstantin Novoselov)이다. 이렇게 분리해 낸 층을 '그래핀(Graphene)'이라고 부른다. 두 사람은 이 공로로 2010년 노벨 물리학상을 받았다. 그래핀의 특징과 이를 이용하기 위한 연구는 지금도 계속되고 있다.

다음에 다루는 재료는 자기다. 도자기라고 하면 더 이해하기 쉬울 것이다. 우리가 그릇으로 많이 사용하는 자기는 신석기 시대부터 사용해온 유서 깊은 재료다. 흔한 재료인 흙에 물을 섞은 점토로 모양을 만들어 불에 굽는 단순한 제작 방법에 비해, 단단하고 보관이 쉬워 쓰임새가 많았다. 자기가 단단한 이유는 불에 구우면서 수분이 날아가기 때문이다. 그 다음 단계로 자기 안에 있는 물질들이 불에 녹아 경계가 약해지면서 서로 섞이고, 식으면서 섞인 상태로 단단하게 결합하기 때문이다.

사람들은 자기에 어떤 재료를 넣으면 어떤 특성을 가지는

지를 실험으로 터득하기 시작했다. 예를 들어 유약을 바르면 광택이 난다거나, 어느 지역의 흙을 넣으면 색이 바뀐다든가 하는 경험을 통해 알아낸 방법이다.

마지막으로 다루는 재료는 생체 재료다. 여기서 미오도닉은 자신의 골절 경험을 들려준다. 여느 어린이처럼 미오도닉 역시 어린 시절 드라마 '600만 불의 사나이'를 흉내를 내다가 뼈가 부러졌고 병원에서 치료를 받았다. 어린 미오도닉은 의사에게 왜 자기는 '600만 불의 사나이'처럼 뼈를 기계로 대신해 주지 않느냐고 물었고, 의사는 사람의 뼈는 잘 고정해 주면 다시 붙는다고 친절하게 답해준다.

그러나 어떤 신체의 손상은 복구할 수 없다. 그중 대표적인 것이 충치다. 치아에 살고 있는 '뮤탄스균'의 대사 작용으로 치아가 녹는 것을 충치라고 하는데, 심해지면 신경 근처까지 염증이 퍼져 통증이 생기고, 충치가 생겨 파인 곳에 음식물이 끼어 충치를 더 악화시킨다. 그래서 충치가 생긴 부분을 갈아내서 정리하고 파인 부분을 다른 재료로 메워야 한다. 흔히 우리가 '치아를 때운다'고 하는 과정이다. 예전에는 치아를 때울 때 수은의 합금인 '아말감'을 많이 썼다. 지금도 저렴한 방법으로는 아말감을 쓴다. 그리고 빛을 쪼이면 굳는 합성 수지를 이용하기도 한다.

또 다른 생체 재료는 뼈를 고정하기 위한 나사를 만드는 재료다. 깁스로 고정하는 것만으로는 충분하지 않을 정도로 뼈가 심하게 부러지면 나사나 철심을 박아서 뼈를 고정한다. 이때는 '티타늄'을 많이 쓴다. 몸 안에 들어와도 거부반응이 적고 튼튼하기 때문이다. 인공 관절도 있다. 오랫동안 많이 써서 닳아버린 관절 때문에 아프거나 제대로 걷지 못하면 인공 관절로 대체한다.

생체 재료의 발달로 연구자들은 장기를 직접 만들어 내는 방법까지 연구하고 있다. 아직 갈 길은 멀지만 조금씩 성과가 나오고 있다.

이 책은 주변의 재료들을 다시 생각해 보게끔 만들어 준다. 물론 이런 재료는 처음부터 우리 곁에 있었던 것은 아니고 많은 사람의 연구를 통해 개발된 결과물이다. 재료마다 저자 자신의 경험이나 영화를 예로 들어 흥미진진하게 설명함으로써 공학에 대한 기초가 없는 사람도 쉽게 읽을 수 있다는 것이 이 책의 특징이다.

마크 미오도닉은 어린 시절 '면도날'을 든 낯선 남자에게 위협을 당한 경험이 있는데 그때 '철'이라는 재료에 사로잡히면서 자신이 사물 속 구조와 성질을 탐구하는 데 탁월한 재능이 있음을 깨달았다고 한다. 시사 주간지 타임이 선정한 영국에서 가장 영향력 있는 과학자 100명 중 한 명이며, 영국 유니버시티 칼리지 런던(UCL)의 기계공학과 교수, 여러 가지 재료를 보관하는 재료 라이브러리인 'UCL 공작연구소(Institute of Making)'의 소장이기도 하다. BBC나 TED 등에서 강연했으며, 테이트모던과 헤이워드 갤러리, 웰콤재단 등 여러 박물관과 협업하기도 했다.

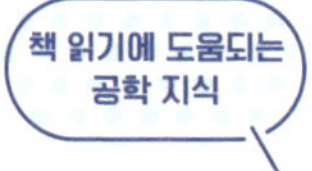

철과 강철

앞에서 말한 것처럼 철은 현대 문명의 핵심이다. 인류는 이미 플라스틱을 훨씬 많이 사용하지만 그 누구도 철기시대가 끝났다고는 말하지 못한다.

철이 좋은 재료인 이유는 여러 가지다. 우선 철은 지구에서 네 번째로 많은 원소라 구하기 쉽다. 또 청동기에 비해 튼튼하다. 청동기 시대에는 청동기가 농기로 쓰이지 못하고 단순한 장식품으로 이용되었지만, 철기시대에는 철로 농기구를 만들 수 있었다.

그러나 여러 가지 단점 때문에 청동기보다 사용할 수 있는 시기가 늦어졌다. 철은 보통 철광석에 '산화철'의 형태로 존

재하는데, 산화철에서 철을 분리하려면 900°C 이상의 고온에서 충분한 산소가 공급되어야 한다. 청동기 시대 다음이 철기 시대인 이유가 바로 철의 녹는 점까지 온도를 높이기 어려워서였다. 그래서 철을 제일 먼저 본격적으로 사용한 히타이트인들은 철을 얻기 위해 바람이 많이 부는 날을 기다렸다. 강한 바람이 풀무의 역할을 하면서 충분한 산소를 얻어 온도를 올렸기 때문이다. 다행히 이 문제는 풀무가 발명되면서 사라졌다.

용케 철을 분리했다 하더라도 원하는 형태를 만들려면 녹여서 틀에 넣어 부어야 했다. 철의 녹는점은 1,500°C로 철광석에서 철을 분리하는 온도보다 더 높다. 우리가 과거의 대장간을 상상하면 떠오르는 광경이 바로 완전히 녹지 않고 적당히 가열한 철을 망치로 두드리며 모양을 만드는 대장장이의 모습이다. 이 작업을 '단조(鍛造)'라고 하는데, 물론 대장간에서 모양을 만들기 위해서만 단조를 했던 것은 아니다. 단조를 하면 철이 더 단단해진다. 이는 아래 단락에서 좀 더 자세하게 설명하겠다.

더 큰 문제는 이렇게 만든 철이라도 지금 우리가 쓰는 철에 비하면 매우 약했다는 것이다. 철은 탄소를 적당히 가지고 있어야 가장 강해지는데, 인류가 이것을 깨닫기까지는 오랜 시간이 걸렸다. 다만 여러 경험을 통해 어떤 처치를 하면 철이 강해진다는 것은 알고 있었다. 그중 하나가 단조이다. 단조를 통해 탄소를 철에 밀어 넣는 '침탄 작업'으로 철을 더 강하게 만드는 것이다. 그러나 이 작업은 고온에서 긴 시간 동안 사람의 힘으로 해야 하는 작업이었기 때문에, 좋은 철로 제품을 만드는 것은 여전히 어려운 일이었다.

오랜 시간이 지나 인류는 철이 탄소의 함량에 따라 성질이 달라진다는 것을 알게 되었다. 전체 무게에서 0.002% 이하의 탄소 비중을 가지는 철을 '순철', 0.02~0.035%의 비중을 차지하는 철을 '연철', 0.035~1.7%의 비중을 차지하는 철을 '강철', 탄소가 1.7%의 비중을 차지하는 철을 '주철'이라고 한다.

순철은 말 그대로 가장 순수한 철의 비중이 높은 철이다. 철의 단점 중 하나가 산소와 결합하기 쉬워 쉽게 녹슨다는 것이다. 그래서 순철은 다른 종류의 철과는 다르게 '전기 분해법'이라는 특별한 공정을 통해서 만든다. 하지만 강도가 약해 쓰이는 곳이 많지 않다.

연철은 인류가 가장 오랫동안 써온 철이다. 숯과 철광석을 넣고 불을 붙인 다음 풀무로 바람을 넣어 온도를 올리면 철광석에서 산소가 떨어져 나간 철 덩어리가 나온다. 이때 철광석의 온도는 철이 녹을 정도로 충분히 높지 않기 때문에 철이 녹지는 않고 철광석에서 산소만 떨어져 나간 덩어리가 나오는 것이다. 이것을 '철 스펀지' 또는 '철 해면체'라고 부른다. 이 상태에서는 덩어리 안에 공기 구멍이 있고 불순물이 많아서 그대로 쓸 수 없다. 그래서 철 스펀지를 다시 고온으로 달군 다음 망치로 두들겨 공기 구멍을 없애고 불순물을 제거하는 방법으로 만들었다. 여러 가지 단점이 있음에도 불구하고 연철은 상당히 귀한 재료였다. 철이 완전히 녹았던 것이 아니라서 탄소가 철에 충분히 섞이지 못했고, 망치로 두들기는 과정에서도 제거되었기 때문에 탄소 함량이 순철 정도는 아니었지만 매우 낮았다. 그래서 강철보다는 강도가 낮았다.

강철은 연철보다는 탄소 함량이 높지만, 주철보다는 탄소 함량이 낮은 철이다. 현대에 가장 많이 쓰이는 철이다. 그 이유는 연철보다 튼튼하면서도 주철보다 충격에 강하기 때문이다. 용광로가 개발되고 용광로에서 주철이 나오기 전까지 강철은 연철을 기반으로 만들었다. 연철을 석탄이나 숯과 섞은 다음 오랜 시간 동안 열을 가해서 탄소가 연철 안으로 들어가게 하는 방법으로 만들었다. 이 방법은 시간도 오래 걸리고 비용도 많이 들었기 때문에 인류가 강철을 사용하기는 어려웠다.

그러나 용광로의 발명으로 주철을 대량으로 만들 수 있게 되면서 상황은 달라졌다. 주철은 강철보다 탄소 함량이 높기 때문에 연철에서 강철을 만들 때와는 달리, 어떻게 하면 주철에서 탄소를 제거할 수 있을지를 고민하게 되었다. 이때 주철을 철로 바꿔주는 장비를 '전로'라고 한다. 1855년에 영국의 헨리 베세머(Henry Bessemer)가 만든 제강로인 '베세머 전로'가 나오면서 본격적으로 강철을 대량 생산할 수 있게 되었다.

전로의 원리는 고온에서 녹은 주철, 즉 쇳물에 공기를 불어넣어 공기 중의 산소가 쇳물 안에 있는 탄소와 결합해 이산화탄소나 일산화탄소로 나오게 하는 방법으로 쇳물 안의 탄

전 세계에 3개뿐인 베세머 전도(켈햄 아일랜드 박물관)

소를 제거했다. 그러나 이 과정에서 공기 중의 질소가 들어가 불순물이 생길 수 있으므로 지금은 산소 자체를 불어 넣는다. 공기를 영하 183°C 이하로 냉각시켜 만든 순수한 액체 산소를 전로에서 사용한다.

주철은 '무쇠'라고 부른다. 주철은 철을 완전히 액체로 녹일 수 있는 용광로가 개발되면서 나온 철이다. 용광로 안에서 완전히 녹았으므로 탄소가 충분히 철에 섞여 들어가 탄소 함량이 높다. 또 연철과는 다르게 사람이 손으로 두드리지 않고도 철을 만들 수 있기 때문에 생산성이 크게 높아졌다. 그러나 주철은 잘 깨지는 단점이 있다. 오늘날에는 강철을 많이 사용하지만 요리도구와 같이 큰 힘이 필요하지 않는 제품에는 여전히 주철을 많이 사용한다. 그중 하나가 무쇠로 만든 프라이팬이다.

참고자료

세계사를 바꾼 12가지 신소재, 사토 겐타로 지음, 송은애 옮김, 북라이프, 2019
세계사를 바꾼 12가지 물질, 사이토 가쓰히로, 김정환 옮김, 북라이프, 2025

5

공학으로 이해하는 건축물의 비밀

빌트, 우리가 지어 올린 모든 것들의 과학

Built: The Hidden Stories Behind our Structures, 2019

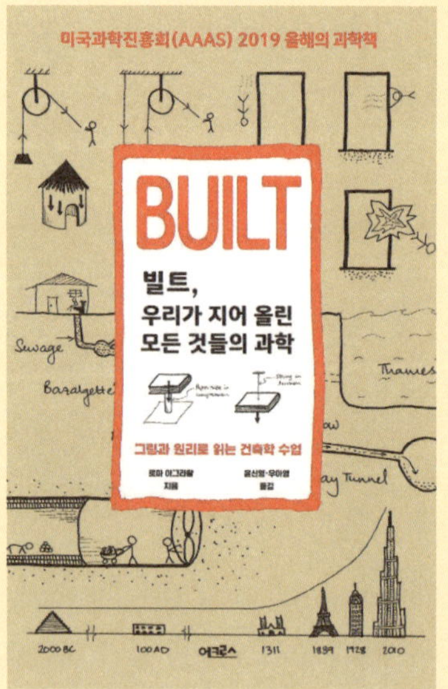

로마 아그라왈 지음 | 윤신영·우아영 옮김 | 어크로스 | 2019

건물을 이루는 여러 가지 요소

자, 이번에는 토목공학 분야를 살펴보자. '사회환경시스템공학'이나 '건축토목공학'으로 부르기도 한다. 이 분야의 가장 큰 목표는 '자연을 극복'하는 것이다. 다리를 놓아 강과 바다를 극복하고, 댐과 상수도를 만들어 가뭄을 극복하고, 하수도를 만들어 질병을 극복하고, 높은 건물을 세워 하늘을 극복하는 것이 토목공학의 목표이다. 이 분야를 살펴보기 위해 우리가 읽어볼 책은 로마 아그라왈의 《빌트, 우리가 지어 올린 모든 것들의 과학》이다.

이 책은 건물을 이루는 여러 가지 요소에 관해 다루고 있다. 층, 힘, 화재, 벽돌, 금속, 바위…… 등으로 구성된 차례만

봐도 어떤 내용인지 대략 짐작이 간다. 건물의 구조와 건물을 만들 때 쓰는 재료, 우리 주변에 있는 여러 가지 건물을 저자의 지식과 경험을 적절히 섞어 설명하고 있다.

빌딩이건 다리건 건축물은 모두 힘을 받는다. 그 힘은 건축물 자체의 무게일 수도 있고, 건물 내부의 사람이나 가구의 무게일 수도 있고, 밖에서 불어오는 바람 때문일 수도 있다. 건축 엔지니어는 이러한 힘을 버티면서 제 역할을 할 수 있는 건물을 지어야 한다.

'트러스(Truss) 구조'는 삼각형 여러 개가 서로 연결된 구조다. 왜 사각형이 아닌 삼각형일까? 가장 큰 이유는 삼각형이 사각형보다 옆에서 작용하는 힘에 강하기 때문이다. 그래서

트러스 구조의 단선 철교

트러스 구조는 건축물에 가장 기본적으로 쓰인다.

화재는 무서운 재앙이다. 재산뿐 아니라 무엇보다 소중한 사람의 목숨까지 앗아갈 수 있다. 특히 요즘처럼 사람들이 많이 모여 사는 고층 건물에서는 피해가 더욱 커질 수밖에 없다. 아그라왈은 어렸을 때 겪었던 1993년 뭄바이 증권 거래소 폭발 사고의 충격적인 경험을 떠올리며 왜 뭄바이 증권 거래소 건물이 무너지지 않았는지 궁금증을 가진다. 이후 공부를 통해 어떻게 화재와 같은 재난으로부터 피해를 줄일 수 있는 건물을 설계할 수 있는지를 깨닫게 된다. 기술자들은 이러한 방법을 그냥 얻은 것이 아니라 많은 비극적인 사고를 극복하려는 노력 속에서 찾을 수 있었다.

1968년 영국 런던 캐닝타운에서는 공동주택이 붕괴되는 사고가 일어났다. 건물의 벽 사이에 채워져 있어야 할 모르타르 대신 쓰레기만 가득했기 때문이다. 이 사고가 준 교훈은 다음과 같다. 첫째, 건물을 구성하는 각 요소는 튼튼하게 고정되어야 한다. 둘째, 건물의 한 부분이 파괴되어도 그 부분이 받치고 있던 힘을 다른 부분이 받칠 수 있도록 해 힘의 불균형을 예방해야 한다.

모든 안전 규정은 피로 쓰인다는 말이 있다. 이 사고 이후에도 많은 사고가 일어났고 그때마다 새로운 규정이 생겼다.

기술자로서 이런 규정을 지키는 것은 불편하고 돈이 많이 드는 일일 수 있지만, 많은 사람의 안전을 위해 반드시 지켜야 하는 기술자의 윤리다.

그렇다면 벽돌은 어떨까? 벽돌은 기원전 9000년쯤 중동에서부터 써온 재료다. 벽돌은 구하기 쉬운 점토를 기반으로 물을 포함한 여러 가지 재료를 섞어서 굽거나 말려서 만든다. 이렇게 만든 벽돌은 튼튼하고 수명도 길어서, 고대에 만들어진 벽돌 건물이 아직도 남아 있는 것을 볼 수 있다. 특히 로마인들은 매우 튼튼한 벽돌 제조법을 개발해, 아치를 비롯한 여러 건물을 세웠으며 지금까지 남아서 많은 건축가에게 영감을 주고 있다.

인도 델리에 가면 철로 만든 기둥이 지금까지 녹슬지 않고 서 있다. 이렇게 고대인들은 철로 건축물을 만들려는 시도를 하기는 했지만, 본격적으로 만들지는 못했다. 철이 본격적으로 건축물에 쓰이게 된 것은 앞서 살펴본 것처럼 헨리 베세머가 전로를 개발해 본격적으로 강철을 공장에서 대량 생산할 수 있게 되면서부터이기 때문이다.

아그라왈은 자신이 건설에 참여한 노섬브리아의 인도교도 베세머가 아니었다면 만들기 어려웠을 것이라고 말한다. 이 다리는 강철 케이블이 교각을 지탱하는 사장교(斜張橋)인데,

여기에 사용된 강철은 비단 강철 케이블뿐만이 아니다. 우선 강철 케이블을 운반하기 위한 차량과 들어올리기 위한 크레인은 모두 강철로 만든 것이다. 그리고 진동을 흡수하기 위해 설치한 '동조질량 감쇠장치' 안에 들어가는 용수철도 강철로 만든 것이다. 이렇게 우리 주변의 많은 건물에서 우리는 강철의 덕을 보고 있다.

시멘트는 콘크리트를 만드는 핵심 재료이지만, 시멘트가 곧 콘크리트는 아니기 때문에 이 둘을 구분해서 이해해야 한다. 시멘트는 주로 석회로 이루어져 있다. 여기에 물을 부어 굳히면 시멘트 가루가 서로 결합하면서 단단해진다. 이렇게 굳은 시멘트 덩어리는 수축하면서 금이 가는 경우가 있다. 이를 방지하기 위해 모래를 비롯한 혼합재를 섞어서 굳히는데 이것을 콘크리트라고 한다.

콘크리트는 누르는 힘에는 강하지만 당기는 힘에는 약하다. 이 문제를 해결하기 위해 사용하는 것이 앞에서 언급한 강철이다. 강철로 만든 막대기인 철근으로 모양을 만들고 틀로 둘러싼 다음 콘크리트를 부어 굳히면 그것을 '철근 콘크리트' 또는 '강화 콘크리트'라고 부른다. 철근은 당기는 힘에는 강하지만, 누르는 힘에는 약하기 때문에 콘크리트와 강철은 철근 콘크리트 안에서 서로의 단점을 보완한다. 비록 철근 콘

크리트는 만드는 과정에서 이산화탄소를 많이 배출한다는 단
점이 있지만, 오늘날도 매우 많이 사용하는 건축용 재료다.

고대 로마의 벽돌에서 오늘날 두바이의 마천루까지

초고층 건물을 지으려면 가장 필요한 것이 건물을 지을 재료
를 높은 곳까지 올릴 수 있는 크레인과 건물을 지은 다음 사
람들이 높은 층으로 올라갈 수 있는 엘리베이터다. 크레인
과 엘리베이터에는 도르래가 필요하다. 도르래에는 '고정도
르래'와 '움직도르래'가 있는데, 고정도르래를 이용하면 힘의
방향을 바꿔서 아래로 끌어당기는 힘으로 물체를 들어 올릴
수 있다. 또한 움직도르래를 이용하면 절반의 힘으로도 물체
를 들어 올릴 수 있다.

이렇게 도르래로 재료를 높은 위치까지 들어 올려서 고층
건물을 지었다 해도, 여전히 다른 문제가 남아 있다. 어떻게
이 높은 건물의 무게를 버틸 수 있느냐이다. 이 문제를 해결
하기 위해 사람들은 오래전부터 다양한 방법을 고민했다.

15세기 이탈리아의 건축가인 브루넬스키는 '헤링본 패턴'
을 이용해 피렌체 대성당 꼭대기에 있는 돔을 완성했다. 저

피렌체 대성당
브루넬스키

더 샤드
309.6m
아크라왈

존 헨콕 센터
457m
파즐러 칸

자인 아크라왈이 '더 샤드(런던의 72층 건물)'를 지을 때는 바닥에 강철로 된 말뚝을 박아서 건물의 기초를 만드는 동안에도 계속 건물의 위층을 지어 올릴 수 있는 방법을 찾아냈다. 방글라데시의 구조공학자이자 건축가인 파즐루 라만 칸(Fazlur Rahman Khan)은 건물의 외골격으로 무게를 지탱하는 방법인 '튜브 시스템'을 고안해 1968년 완공된 미국 시카고의 존 헨콕 센터에 최초로 적용했다.

대부분 건물은 땅에 붙어 있다. 하지만 그냥 땅 위에 서 있는 것이 아니라 건물의 무게를 땅이 버티면서 흔들리지 않고 서 있다. 이렇게 당연한 보이는 것들은 그저 당연하게 이루어지는 것이 아니다. 멕시코시티는 아즈텍 제국의 수도인 테노치티틀란에서 시작했고, 테노치티틀란은 호수에 둘러싸인 도시였다. 아즈텍 제국이 멸망한 후 테노치티틀란 주변의 호수를 흙으로 메우면서 멕시코시티가 성장했기 때문에, 지금도 멕시코시티의 지반은 매우 약하다.

이런 환경에서 건물을 지으려면 탄탄한 기초를 만들기 위해서는 '파일(Pile)'이라 불리는 말뚝이 필요하다. 여러 개의 파일을 바닥에 박아 그 위에 건물을 세운다. 그러면 땅과 파일의 마찰력에 의해 건물이 흔들리지 않고 튼튼하게 서 있을 수 있다. 이것은 예전부터 사용하던 방법이다. 다만 재료가 나무에서 강철이나 콘크리트로 바뀌었고, 사람들이 망치로 내려치는 방법에서 기계가 강하게 파일을 내려치는 방법으로 바뀐 것뿐이다.

이 과정을 잘 보여 준 것이 멕시코시티의 메트로폴리스 대성당 보수 공사다. 아즈텍 제국을 멸망시킨 스페인인들이 1573년부터 짓기 시작한 대성당은 무척 거대한 건축물이다. 그만큼 무게도 무거웠기 때문에 가뜩이나 연약한 멕시코시티 지반에 그냥 세울 수는 없었다. 그래서 나무로 된 파일을 2만 2천 개 이상 박고 그 위에 성당을 세웠다. 그런데도 세월이 지나면서 대성당 아래의 지반이 내려앉았다. 더 큰 문제는 지반의 영역마다 내려앉는 속도가 달라 대성당이 기울고 비틀어지면서 훼손되기 시작했다는 것이었다.

1993년 오반도쉘리(Ovando-Shelley) 박사 팀이 이 문제를 해결하기 위해 공사를 시작했다. 공사의 목적은 서로 다른 대성당 바닥 지반의 높이를 맞추는 것이었다. 박사 팀은 대성당 아래에 굴을 파고 조심스럽게 흙을 파내면서 지반의 높이를 안정시켰다.

오늘날에는 많은 터널이 있다. 예전에는 한강을 지나가는 지하철을 놓으려면 다리를 만들어 지하철이 땅 아래에서 다리 위로 지나갔다가 다시 땅 아래로 내려가야 했지만, 요즘은 한강 아래로 터널을 파서 그대로 한강을 통과한다. 또한 높은 산을 지나갈 때도, 예전에는 구불구불한 도로나 산을 빙빙 도는 철도를 깔았다면 요즘은 터널로 산을 바로 통과한다.

터널은 좀 더 빠르고 편하게 길을 갈 수 있도록 해주는 시설물이다. 그러나 터널을 뚫는 것은 쉬운 일이 아니다. 런던을 가로지르는 템스강을 건너기 위해 사람들은 멀리 있는 다리까지 돌아서 건너거나 배를 타고 건너야 했다. 이런 불편을 해결하기 위해 궁리하던 사람들은 결국 강 아래로 터널을 파서 강을 건너기로 했다. 다리를 더 만들면 템스강을 지나가는 많은 배들이 높이 때문에 다리 아래를 지나가기 어려웠기 때문이다.

여기에 도전한 사람이 잉글랜드의 공학자 마크 브루넬(Marc Isambard Brunel)이다. 마크 브루넬은 어느 날 선착장 근처를 지나가다가 좀조개가 나무에 구멍을 파는 모습을 보고 평소 가지고 다니던 돋보기로 관찰을 시작했다. 좀조개는 나무를 천천히 파서 구멍을 뚫은 다음 구멍이 무너지지 않도록 자기 몸에서 접착제를 뿜어내 구멍 표면에 바르는 것이었다. 여기서 그는 템스강 아래로 터널을 뚫을 아이디어를 찾아냈다. 우선 철로 만든 튜브를 땅 아래에 넣고 사람이 그 안에 들어가 튜브 끝에 있는 날을 돌려 흙을 파내는 것이다. 그리고 파낸 흙을 뒤로 퍼내면서 계속 전진한다. 그러면서 빨리 굳는 모르타르(시멘트와 물과 모래를 섞어 벽돌에 발라 벽돌을 서로 붙이는 물질)를 이용해 벽돌을 터널 벽에 빙 둘러쌓아서 터널이 무너지는 것을 막았다. 이 아이디어로 공사를 시작하기는 했지만, 결과는 실패의 연속이었다. 사고가 많았고, 사망자도 나왔다. 끈질긴 노력 끝에 19년 만인 1843년에 터널을 완성했다. 하지만 불행하게도 이렇게 만든 터널이 별로 쓰이지는 못했다. 그렇다고 마크 브루넬의 노력이 헛된 것은 아니었다. 이 기술을 기반으로 만든 더욱 발전된 기술이 오늘날에 터널을 뚫고 있으니까. 그리고 이 공사를 통해 공학자로서의 능력을 키운 그의 아들이 바로 영국의 위대한 공학자 중 한 명인 이점바드 킹덤 브루넬이다.

도시라는 곳은 그 도시에 사는 사람들에게 먹을거리나 마실 거리를 충분히 제공할 수 없다. 면적 대비 너무 많은 사람이 살고 있기 때문이다. 그러면 결국 어디선가 사람들이 마시고 쓸 물을 구해와야 한다. 과연 어디서, 어떻게 물을 구할 수 있을까?

과거에 물을 구하는 방법은 크게 세 가지였다. 강물을 끌어오는 것, 빗물을 저장하는 것, 우물을 파는 것. 물론 세 가지 모두 당시 기술로는 쉬운 일이 아니었다. 지금의 이란 땅에 자리 잡았던 고대 페르시아도 마찬가지였다. 이란의 중앙에

세계문화유산에 등록된 페르시아 카나트

는 건조한 고원지대가 자리 잡고 있어서 강에서 물을 구하기가 매우 어려웠다. 우물을 파야 했지만 고원지대라 산과 언덕이 많아 우물에서 물을 긷는 것도 쉬운 일이 아니었다. 그래서 '카나트(Qanat)'라는 것을 만들었다. 카나트는 여러 개의 우물과 터널을 이용해 우물물을 사람들이 사는 곳까지 끌어오는 일종의 수로다. 카나트는 지금도 사용되고 있다. 남아 있는 카나트 중에 가장 오래된 것은 고나바드시에 있는데, 45km의 도관을 통해 4만 명에게 물을 공급한다.

구조공학자의 공학과 건축에 대한 열정

저자인 로마 아그라왈은 여성 구조공학자다. 2004년 옥스퍼드 대학에서 물리학 학사학위를 받고, 2005년 런던 임페리얼 칼리지에서 구조공학 석사학위를 받았다. 전공을 바꾼 이유는 공학이 자신이 좋아하는 과학과 디자인의 훌륭한 조합이기 때문이라고 밝혔다. 어린 시절 레고를 가지고 놀면서 만들거나 부수는 것을 좋아했던 소녀였던 그녀는, 현재 서유럽에서 가장 높은 건물인 더 샤드(The Shard)를 포함해 다리와 터널, 기차역과 마천루까지, 우리가 살고 있는 세계를 설계하고 만드는 구조공학자 중 한 명으로 성장했다.

그녀는 젊은 사람들, 특히 여성에게 공학과 기술 분야의 길을 열어주는 전문가이자 멘토로도 활동하고 있다. 정책입안자들에게 과학 교육에 대해 조언하기도 하고, TEDx, BBC, ITV를 포함한 전 세계 대학, 기관, 기업을 대상으로 활발하게 강연을 펼치고 있다. 2011년 구조공학자협회가 선정하는 올해의 젊은 공학자상, 2014년 올해의 여성 공학자상, 2017년 영국왕립공학회가 가장 뛰어난 공학자에게 수여하는 루크상을 받았고, 2018년에는 영국제국 훈장(MBE)을 받았다.

《빌트, 우리가 지어 올린 모든 것들의 과학》은 복잡한 수식 없이 우리 주변의 건물이나 시설이 어떻게 지어지는지 잘 설명한다. 그리고 그것을 만들기 위해 어떤 자료가 사용되는지도 알려 준다. 그러나 이 책의 가장 뛰어난 점은 모든 테마를 저자 본인의 지식과 경험을 통해 설명하고 있다는 것이다. 만약 저자의 경험이 녹아 있지 않았다면, 다른 교과서와 큰 차이가 없을지도 모른다. 우리는 저자의 경험 속에서 좀 더 생생하게 여러 가지 재료의 필요성과 재료를 어떤 모양으로 만들어야 원하는 만큼 튼튼하게 건물과 시설을 만들 수 있는지 이해할 수 있다. 물론 이 책에는 저자의 이야기뿐 아니라 역사 속의 건축과 토목에 관한 이야기도 많이 담겨 있다. 토목과 건축의 역사는 다른 말로 하면, 인간이 자연을 개척한 역사이기 때문이다.

철근 콘크리트의 탄생

철근 콘크리트는 말 그대로 철근과 콘크리트의 조합이며 '강화 콘크리트(Reinforced concrete)'라고 부르기도 한다. 이 조합은 철근과 콘크리트의 단점을 서로 보완하는 형태다.

현대의 고층 건물은 철근 콘크리트가 있기 때문에 가능하다. 콘크리트는 석회를 주원료로 한 시멘트에 모래와 자갈과

물을 일정한 비율로 섞어서 굳힌 재료이다. 이때 굳히는 작업을 '양생'한다고도 부른다.

콘크리트의 역사는 매우 길다. 시멘트는 약 5천 년 전 고대 이집트 시대부터 석회와 석고를 섞어 만들었고 피라미드를 만들 때도 썼지만, 이때는 물을 섞어서 반죽을 만든 다음 돌에 발라 돌과 돌을 붙이는 접착제에 가까웠다. 그러나 고대 그리스 시대에는 시멘트에 모래를 섞어 콘크리트를 만들었고, 고대 로마 시대에는 여기에 화산재를 더해 로마 콘크리트를 만들었다. 이렇게 만든 로마 콘크리트로 콜로세움이나 수도원과 같은 건물과 시설을 만들었는데, 이 중 가장 유명한 것이 이탈리아 로마에 있는 로마 판테온이다. 기원전 27년에 처음 지어졌고 기원후 96년과 114년에 다시 지어진 로마 판테온은 오늘날에도 그대로 서 있을 정도로 튼튼하다. 판테온에는 지름 43.3m의 돔이 있는데, 이 또한 로마 콘크리트의 튼튼함을 잘 보여 주는 예이다.

하지만 로마 콘크리트 기술은 476년 서로마 제국이 망하면서 잊혀졌다. 고대 로마 시대에 로마 콘크리트로 만든 수로교가 중세 시기까지 남아 있었는데, 중세 기술로는 만들 수도 없고 어떻게 만들었는지도 알 수 없었기 때문에, 악마가 만들었다는 당시 사람들의 기록이 남아 있을 정도다.

그러다가 17세기 중반부터 시멘트를 다시 개발하기 시작했다. 1824년에는 영국의 화학기술자이자 기와 장인 조지프 애스프딘(Joseph Aspdin)이 석회석과 점토를 혼합해 '포틀랜드 시멘트'를 만들었다. 이것이 바로 현대에서 사용하는 시멘트의 기원이다.

콘크리트는 누르는 힘인 압축력에는 강하지만 당기는 힘인 인장력에는 약하다. 이러한 단점을 보완하기 위해 인장력을 견딜 수 있도록 다른 재료와 섞는 방법이 개발되었다. 1877년 프랑스의 조경사였던 조세프 모니에(Joseph Monier)는 잘 깨지지 않는 시멘트 화분을 만들려고 하다가 강철 그물 주변을 시멘트로 감싸서 화분을 만드는 방법을 발명해 특허를 냈다. 이 발명을 최초의 철근 콘크리트로 본다.

모니에는 1875년까지 철근 콘크리트를 이용한 파이프, 수조, 판, 교량, 계단 등에 대해서도 특허를 얻었다. 그리고 프랑수아 쿠아녜(François Coignet)는 보와 아치의 건설에 대한 보강 콘크리트의 원리를 1861년《고체화된 철근 콘크리트의 사용에 관한 연구》라는 책으로 출판했다. 이러한 성과는 독일에 전수되어 프로이센 왕국 건축감독관인 프리드리히 아우구스트 쾨넨이 철근 콘크리트의 보 단면 해석법을 개발해 1886년 논문으로 발표했다. 이후 1900년대 초반에 이르기까지 많은 특허와 연구가 이루어졌고 1920년대 이후에 본격적으로 건축에 적용되었다.

철근 콘크리트가 가능한 이유 중 하나는 철근과 시멘트의 열팽창 계수가 비슷하기 때문이다. '열팽창 계수'란 물질의 성질 중 하나로, '온도의 증가에 따라 재료의 길이나 늘어나는 정도'이다. 만약 철근과 콘크리트의 열팽창 계수가 다르다면 여름과 겨울에 각각 다르게 팽창과 수축을 반복할 것이고 결국 서로 붙어 있지 못하고 균열이 생기면서 건물의 강도가 크게 약해질 것이다.

이렇게 두 가지 이상의 서로 다른 성질을 재료로 만드는 것을 '복합 재료(Composite material)'라고 한다. 복합 재료의 예로는, 진흙과 지푸라기를 섞어서 만드는 벽돌, 탄소 섬유에 에폭시를 발라 모양을 만드는 탄소 섬유 플라스틱이 있다.

참고자료 ··
도시를 움직이는 모든 것들의 과학, 로리 윙클리스 지음, 이재경 옮김, 반니, 2020
영화 〈콜하스 하우스라이프〉 2008

6

인공지능의 쓸모

비전공자도 이해할 수 있는 AI 지식

박상길 지음 | 정진호 그림 | 비즈니스북스 | 2024(개정판)

수학과 관련 깊은 컴퓨터과학

이번에 다룰 영역은 컴퓨터과학(Computer science)이다. '컴퓨터공학' 또는 '전산학'이라고도 부르는 이 학문은 말 그대로 컴퓨터에 대해 다루는 학문이다. 그러나 전자장치로서의 컴퓨터를 다루는 것은 아니다.

네덜란드의 컴퓨터과학자 에츠허르 다익스트라(Edsger Wybe Dijkstra)는 "천문학이 망원경에 관한 학문이 아니듯, 컴퓨터과학은 컴퓨터라는 기계에 관한 것이 아니다. 컴퓨터과학은 수학과 본질적인 통일성이 있다"고 말했다. 기계공학이 물리학, 화학공학이 물리학·화학과 깊은 관련이 있다면 컴퓨터과학은 수학과 매우 깊은 관련이 있다. 실제로 오늘날 컴퓨터과학

인공신경망을 개발한 제프리 힌턴

의 기초를 닦은 앨런 튜링, 존 폰 노이만, 도널드 커누스는 모두 수학으로 박사학위를 받은 사람이다. 컴퓨터가 계산기로 개발되었다는 사실을 생각하면 당연한 결론이기도 하다.

컴퓨터과학에서는 계산과학, 정보보안, 통신 등 정말 다양한 영역을 다룬다. 그러나 여기서는 요즘 우리 주변에서 가장 많이 언급되는 주제인 인공지능을 다룬 책을 골랐다. 특히 2024년에는 기계학습의 한 방법인 인공신경망을 개발한 제프리 힌턴(Geoffrey Hinton)이 노벨 물리학상을 받았고, 인공신경망을 만드는 방법의 하나인 '딥러닝'을 이용해 단백질 구조를 예측하는 프로그램인 '알파폴드(AlphaFold)' 개발을 지휘한 데미스 허사비스(Demis Hassabis)와, 실제 연구를 수행한 연구원 존 점퍼(John Jumper)가 노벨 화학상을 공동으로 수상했다. 데미스 허사비스는 이세돌 9단과의 대국으로 유명해진 바둑 프로그램 '알파고'를 개발한 인물이기도 하다. 이는 인공지능이 실제로 인류에게 이바지한 것이 크다는 것을 인정받은 것이다. 그러나 우리가 인공지능 전체를 이해하기는 어렵다. 우선 우리 주변에서 쓰이는 인공지능이 어떤 것이고 어떤 원리를 가지고 작동하는지 《비전공자도 이해할 수 있는 AI 지식》에서 살펴보기로 하자.

우리 주변 인공지능 제품의 원리

《비전공자도 이해할 수 있는 AI 지식》은 우선 인공지능이란 무엇인지 역사와 원리에 대해 설명한다. 그리고 우리 주변에서 볼 수 있는 인공지능을 이용한 제품들을 소개하면서 각각의 구체적인 원리를 알려 준다. 여기서 설명하는 인공지능 제품들은 앞에서 언급한 바둑 프로그램인 알파고, 자율주행, 검색엔진, 스마트 스피커, 기계번역, 챗봇, 내비게이션, 추천 알고리즘 등 총 8개이다.

사람과 체스를 둘 수 있고, 수준이 상당했던 '기계 터키인'에 대해 사람들은 여러 가지 감정을 가진다. 그리고 한동안 사람과 같은 지능을 가지는 기계는 사람들의 꿈속에서 인공지능이라는 단어로 남았고, 많은 사람이 인공지능에 도전했지만 아쉽게도 의미 있는 발전은 없었다.

그러나 1980년대 들어 '기계학습' 또는 '머신러닝'이라고 부르는 방법이 등장했다. 머신러닝은 기계가 스스로 규칙을 발견해서 그것을 기반으로 답을 찾는 방법이다. 과학자들은 머신러닝을 구현하기 위해 인공신경망을 통해 '딥러닝'이라는 방법을 이용하기 시작했다.

저자는 이렇다 할 성과가 나오지 않음에도 불구하고 꾸준히 연구를 거듭해 온 사람들을 소개하면서 그 노력이 최근 빛을 발하게 되는 과정을 언급한다. 이를 가능하게 한 요소 중 하나는 'GPU(Graphic processing unit)'다. 컴퓨터에서 중앙연산을 주로 처리하는 CPU와는 다르게, 주로 그래픽을 위한 계산 보조장치로 쓰였던 GPU가 기계학습에 적합하다는 것이 발견되면서 GPU를 전문적으로 생산하던 업체인 엔비디아가 CUDA라는 플랫폼을 제공해 기계학습 분야에서 독보적인 자리를 차지하게 된 것이다.

이러한 발전에는 오픈소스의 역할도 매우 컸다. 인공지능을 선도하던 회사 중 하나인 구글이 '텐서플로우(TensorFlow)'라는 기계학습용 라이브러리를 무료로 공개함으로써 더 많은 사람들이 기계학습을 사용할 수 있게 되었고, 이 분야가 더욱 발전하는 계기를 마련한 것이다.

이세돌 9단과 바둑 대국을 했던 알파고는 이미 잘 알려져 있다. 인공지능이 발전하면서 장기나 체스에서는 점차 인공지능이 사람을 능가하기 시작했지만, 바둑은 무수한 경우의 수를 가지고 있어서 사람을 능가하는 인공지능은 개발하기 어려웠다. 그러나 구글의 자회사인 '구글 딥마인드'는 강화학습의 능력을 보여 주기 위해 인공지능 프로그램에 바둑을 가르쳤고, 마침내 인간과 대국을 진행하게 되었다.

체스를 위한 인공지능이었던 IBM의 '딥블루'는 압도적인 연산 능력으로 대국 상대였던 카스파로프를 꺾었다. 그러나 바둑은 너무도 경우의 수가 많아서 이 방법이 통하지 않았는데, 그나마 '몬테카를로 기법'을 통해 크게 성능을 끌어올릴 수 있었다.

딥마인드를 이용한 바둑 프로그램인 알파고는 기존의 기보를 학습해 바둑의 규칙을 파악하고 어떻게 하면 이길 수 있는지 스스로 학습했다. 그리고 이 규칙을 바탕으로 바둑 대국을 진행해 계속 규칙을 바꾸어 나가면서 바둑을 배웠다. 또 어떤 상황이 승리확률이 높은지 형세를 판단하는 법도 익혔다. 그 결과, 알려진 것처럼 2016년 알파고는 이세돌 9단에게 4승 1패로 승리를 거두었다.

자율주행 기술의 비약적인 발전은 결국 시각 정보를 어떻게 처리하는가부터 시작되었다. 기계학습을 이용한 인공지능이 시각 정보를 처리하게 되면서 효율은 급격하게 올라가기 시작했다. 시각 정보에는 카메라를 통한 영상뿐 아니라 레이더와 라이다(Lidar)를 이용한 영상정보도 포함한다. 초기에는 거리와 방향을 모두 예측할 수 있는 레이더와 라이다를 많이 사용했지만, 이 두 장비의 가격이 비싸서 현재는 카메라로 찍은 영상을 가지고 인공지능을 자율주행에 적극적으로 활용하려 하고 있다. 자율주행은 윤리 논쟁을 포함한 많은 논란이 있지만 기술은 계속 발전 중이다.

다음으로 소개하는 기술은 검색엔진이다. 초기의 인터넷에는 정보가 별로 없어서 사람이 직접 조사해서 웹사이트를 분류하는 방법으로 검색했다. 하지만 인터넷의 정보가 점점 늘어나면서 사용자는 내가 원하는 정보를 어떤 사이트가 담고 있고, 어떤 사이트가 내가 원하는 정보에 더 가까운지 평가하기가 어려워졌다. 여기서 등장한 것이 구글이다. 스탠퍼드 대학의 대학원생이었던 세르게이 브린(Sergey Brin)과 래리 페이지(Larry Page)는 자동으로 인터넷의 웹페이지에 대한 정보를 수집하는 프로그램을 개발했다. 논문의 피인용수를 통해 논문의 가치를 평가하는 방법처럼 웹페이지의 가치를 매겨 사용자가 원하는 검색 결과를 우선 보여 주는 방식이었다.

그렇다면 인공지능의 음성 인식 분야는 어떨까? 기존에는 소리 하나하나를 분석해 어떤 음소를 정해 주는 방법을 썼다. 그러나 현재는 딥러닝을 이용해 여러 가지 음성 데이터를 학

세르게이 브린(왼쪽)과 래리 페이지(오른쪽)

습시키는 방법을 사용한다. 이렇게 하면 단어 단위로 학습이 가능하며 다음에 나올 단어를 예측해 인식률을 높일 수 있다.

또 다른 기술로는 기계번역이 있다. 사람이 아닌 컴퓨터를 사용해 번역하려는 시도는 예전부터 있었다. 이미 단어의 뜻은 사전에 나와 있으니 해당하는 단어의 뜻을 찾아, 이것을 이용한 규칙을 사용해 번역하려는 시도였다 그러나 문제가 있었다. 한 단어에 여러 가지 뜻이 있는 경우, 문맥에 따라 해당 단어가 어떤 뜻으로 사용되었는지 알아야 하는데, 기존 방식으로는 파악하기 매우 어려웠다. 그래서 여러 가지 번역자료를 기계학습으로 학습시켜서 해당 단어의 뜻이 문맥상 어떤 의미인지 파악하게 만들었다. 사실 이것은 우리가 영어를 번역할 때 쓰는 방법과 비슷하다. 여러 가지 예문을 학습해 문맥상 해당 단어의 가장 자연스러운 의미가 무엇인지 알아내는 것이다. 기계번역은 통계적으로 어떤 의미가 가장 정확한지 파악한다.

최근 많이 사용하는 기술은 챗봇이다. 챗봇이 기존의 검색과 가장 다른 점은 사용자가 정해진 예상 질문을 찾지 않고 챗봇에게 직접 물어볼 수 있다는 것이다. 챗봇의 첫 번째 기능은 사람의 말을 이해하는 것이다. 사람마다 같은 질문이라도 표현하는 방법이 모두 다르지만, 챗봇은 기계학습을 통해

가장 빠른 경로

실시간 교통상황을 예측하는 내비게이션

질문의 핵심단어와 그에 따른 예상 질문을 추론해 답을 찾아 알려 준다.

　인공지능은 빠른 길 찾기 문제도 해결해냈다. 대표적인 예가 바로 내비게이션이다. 예전에는 택시에서 목적지를 말하면, 기사가 곧바로 길을 파악해 운전했다. 이는 기사들이 오랜 경험을 통해 현재 위치와 목적지, 다양한 경로 그리고 가장 빠르게 도착할 수 있는 길을 숙지하고 있었기 때문이다.

　그렇다면 이러한 경험 기반의 지능을 인공지능이 구현할 수 있을까? 기술의 발전으로 컴퓨터가 현재 위치와 목적지를 인식하고 기억하는 것은 이미 가능해졌다. 또한 실시간 교통

상황을 파악하는 것도 가능하다. 이제 관건은 이동 중 교통상황의 변화를 예측하는 것이다. 다행히 이 역시 방대한 데이터가 축적되어 가능해졌고, 그 결과 우리는 더욱 정교하고 정확한 내비게이션을 사용할 수 있게 되었다.

저자인 박상길은 다른 도서의 저자와는 조금 다르게, 현재 직장인이다. 현대자동차의 인공지능 연구조직인 AIRS에서 기술 리더를 맡고 있다. 이전에는 카카오에서 챗봇을, 다음커뮤니케이션에서는 검색엔진을 만들며 검색에서 빅데이터, 인공지능으로 이어지는 디지털 기술을 두루 경험했다. 카카오 코딩 테스트 출제 위원이었고 현대자동차 연구개발 채용의 기술 면접관으로 활동하며 오랫동안 IT 직군의 인재를 발굴하는 업무를 담당했다.

수많은 사람의 연구 결과로
등장할 수 있었던 인공지능

《비전공자도 이해할 수 있는 AI 지식》은 인공지능 기술 중에서도 우리 주변에서 흔히 볼 수 있고 많이 사용하는 기술을 소개해 준다. 단순하게 인공지능으로 작동한다고 뭉뚱그리지 않고, 그 원리를 자세하게 설명해 준다는 점에서 독보적이다. 손으로 그린 상세한 일러스트가 설명을 풀어주기 때문에 이해가 쉽고 최소한의 수식으로 독자들이 포기하지 않도록 이끈다. 이 책에 등장하는 수식 대부분은 과거에는 고등학교 이과 과정에서 기본으로 배우는 내용이었지만 지금은 여러 가지 이유로 학습 범위가 점점 줄어 이제는 선택이 되었거나 선택조차도 할 수 없는 영역이다. 학생들이 인공지능 기술을 이해하기 어렵게 교육 과정을 만들어놓고, 정작 교육 과정에는 인공지능을 넣겠다는 발상은, 적어도 인공지능에 대해 바르게 이해하는 사람이라면 절대 할 수 없는 정책안이 아닌가 싶다.

특히 이 책은 인공지능과 같은 신기술이 어느 날 하늘에서 떨어진 것이 아니라 오래전부터 많은 사람들이 고민한 결과라는 점을 강조한다. 기계학습과 딥러닝 역시 어느 날 갑자기 나타난 것이 아니라 많은 연구자가 1950년대부터 연구해 온 것이 이제 와서 빛을 발했다는 것이다. 결국 이 책은 오늘날 사용하고 있는 인공지능 기술 원리뿐 아니라 인공지능이 얼마나 많은 사람들의 노력과 헌신으로 이루어졌는지를 설명하는 책이기도 하다.

소스코드를 공개하는 오픈소스

IT 도서를 읽다 보면 자주 등장하는 개념 중 하나가 바로 '오픈소스 프로그램'이다. 오픈소스 프로그램이란, 프로그램을 만드는 데 사용된 소스코드를 누구나 열람할 수 있도록 공개한 소프트웨어를 말한다. 종종 무료로 제공되는 프로그램이 모두 오픈소스라고 오해하기도 하지만, 모든 무료 프로그램이 소스코드를 공개하는 것은 아니다. 반대로, 오픈소스 프로그램이라도 실행 파일(컴파일된 프로그램)을 유료로 제공하는 경우도 있다. 따라서 '무료 = 오픈소스' 또는 '오픈소스 = 무료'라는 공식이 항상 맞는 것은 아니다.

일반 사용자 입장에서는 오픈소스의 가장 큰 장점이 '무료'라는 점일 수 있다. 하지만 소스코드를 이해하고 직접 다룰 수 있는 사람에게는 그 의미가 훨씬 더 크다. 만약 사용자가 프로그래밍 언어를 알고 있다면, 공개된 소스코드를 바탕으로 프로그램의 오류를 수정하거나 원하는 기능을 추가하는 등 직접 개선할 수도 있다. 더 나아가, 기존 프로그램을 기반으로 새로운 소프트웨어를 만들어내는 것도 가능하다. 이처럼 오픈소스는 사용자들이 소프트웨어 발전에 직접 참여할 수 있게 해준다.

물론 단점도 있다. 오픈소스는 특정 회사나 개인이 책임지고 관리하는 경우가 드물기 때문에, 프로젝트가 중단되거나 유지·보수가 어려운 상황이 생기기도 한다. 또 악의적인 개발자가 소스코드에 악성코드를 심어 사용자의 정보를 탈취할 가능성도 존재한다. 이런 문제가 발생했을 때 법적 책임을 물을 대상이 명확하지 않다는 것도 단점 중 하나다.

그럼에도 불구하고, 오픈소스의 자유로운 사용과 높은 확장성 덕분에 인공지능을 비롯한 수많은 소프트웨어가 오픈소스를 기반으로 개발되고 있다.

오픈소스 프로그램은 다양한 분야에서 활용되고 있다. 예를 들어, 운영체제 분야에서는 '리눅스(Linux)'가 대표적이다. 특히 우분투(Ubuntu), 레드햇 리눅스(Red Hat Linux) 그리고 센트OS(CentOS) 등 다양한 리눅스 계열 운영체제가 등장했고, 이들 역시 모두 소스코드를 공개하고 있다. 이는 리눅스를 기반으로 한 운영체제는 반드시 소스코드를 공개해야 한다는 라이선스 조건에 따른 것이다.

오픈소스는 단순히 소프트웨어에만 국한되지 않는다. 예를 들어, 아두이노(Arduino)는 누구나 쉽게 마이크로컨트롤러를 사용할 수 있도록 회로도와 소프트웨어를 공개한 프로젝트이다. 라즈베리 파이(Raspberry Pi)는 개발도상국에서도 컴퓨터 교육이 가능하도록 하드웨어 설계도와 프로그램을 공개한 사례다. 이처럼 오픈소스는 기술을 공유하고 확산시키는 데 중요한 역할을 하고 있다.

참고자료

비전공자를 위한 이해할 수 있는 IT 지식, 최원영 지음, 티더블유아이지, 2020
1일 1로그 100일 완성 IT 지식, 브라이언 W. 커니핸 지음, 하성창 옮김, 인사이트, 2021

7

우리의 손과 발에서
동반자로

WE: ROBOT 우리는 로봇이다

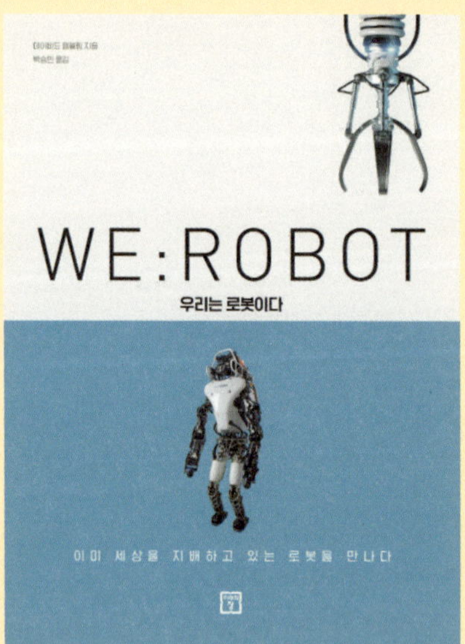

데이비드 햄블링 지음 | 백승민 옮김 | 미래의창 | 2019

로봇 사회

많은 사람들이 미래는 로봇의 사회가 될 것이라고 말한다. 사실 이러한 예측은 오래전부터 있어 왔지만, 우리가 생각했던 것만큼 빠르게 로봇 사회가 도래하고 있는 것은 아니다. 그렇다고 해서 로봇이 우리 삶에서 멀리 떨어져 있는 것은 아니다.

로봇은 처음에는 우리의 일상과는 거리가 먼, 제품을 생산하는 공장에서 주로 활용되었지만 최근에는 로봇청소기처럼 생활 속에서도 점점 더 자주 모습을 드러내고 있다. 이제 로봇은 공장 안에서만 머무는 존재가 아니라, 점차 우리의 일상으로 들어오고 있는 중이다.

가끔 학생들에게 "로봇을 만들고 싶은데 어떤 전공을 해야 하나요?"라는 질문을 받는다. 꽤 어려운 질문이다. 왜냐하면 로봇은 기계공학, 전자공학, 컴퓨터과학 등 다양한 분야의 지식을 융합되어야 만들 수 있기 때문이다.

예를 들어, 전기 모터로 움직이는 로봇 팔을 설계하고 제어하려면 로봇 팔의 위치를 어떻게 정할지, 얼마만큼의 무게를 들 수 있을지를 알아야 하는데, 이는 기계공학의 영역이다. 또 모터에 어느 정도의 전류를, 어떻게 공급할지를 이해하려면 전자공학의 지식이 필요하다. 여기에 더해, 로봇이 주변 환경을 어떻게 인식하고 그에 따라 어떤 행동을 취할지를 결정하려면 컴퓨터과학이 반드시 뒷받침되어야 한다.

따라서 기계공학을 전공하더라도 전자공학과 컴퓨터과학에 대한 이해가 필요하고, 전자공학이나 컴퓨터과학을 전공한 사람 역시 다른 분야의 기본적인 개념을 알고 있어야 로봇을 제대로 만들 수 있다.

이번에는 데이비드 햄블링(David Hambling)의 《WE: ROBOT-우리는 로봇이다》를 통해 로봇공학의 세계를 함께 들여다보려 한다.

이미 세상을 지배하는 50개의 로봇

이 책에서는 일하는 로봇, 일상 속의 로봇, 군사용 로봇, 미래의 로봇이라는 분류 아래 50개의 로봇을 소개한다. 중요한 몇 가지 로봇을 소개하면 다음과 같다.

일하는 로봇 중에서 협동 로봇 CR-35iA은 사람과 같이 일할 수 있는 로봇이다. 협동 로봇이라는 개념이 따로 나온 이유는 로봇, 특히 로봇 팔과 사람이 같이 작업하는 것은 매우 위험하기 때문이다. 로봇 팔은 사람보다 강력하고 무거워 잘못해서 부딪히거나 맞을 경우, 큰 사고가 생길 수 있다. 이 때문에 로봇 팔이 작동하는 동안에는 주변에 사람이 들어갈 수 없고, 로봇이 작동하지 않을 때만 사람이 들어갈 수 있다. 하지만 이런 방식은 매우 비효율적이다. 그래서 일본의 로봇회사 화낙(FANUC)은 사람과 같이 일할 수 있는 협동 로봇 팔을 만들었다.

협동 로봇의 핵심 기능은 세 가지다. 첫째 로봇의 표면을 고무로 덮어서 사람과 부딪혀도 충격을 흡수한다. 둘째 매우 민감한 안전 센서를 만들어 사람이 얼마나 가까이 있는지 로봇 팔이 파악할 수 있다. 셋째 동작 중이더라도 사람이 로봇을 밀어내면 동작을 멈추고 사람이 미는 방향으로 밀려나간

표면 고무 소재
안전 센서
작동 중
CR-35iA
협동 로봇

다. 그래야 사람과 충돌해도 문제가 생기지 않는다.

다음은 수술 로봇인 다빈치 로봇이다. 수술 로봇이기는 하지만, 정확하게는 수술의 한 종류인 복강경 수술을 로봇화한 것에 가깝다. '복강경 수술'이란 피부를 크게 절개해 수술할 부분을 모두 드러내놓고 하는 수술이 아니라, 수술 부위 주변에 구멍 몇 개를 뚫고, 그 안으로 가늘고 긴 막대에 달린 카메라와 집게 또는 가위를 넣어, 모니터로 카메라를 통해 수술 부위를 살피면서 하는 수술이다. 복강경 수술은 절개 범위가 작아 회복이 빠르다는 장점이 있지만, 수술 부위를 직접 눈으로 보는 게 아니라 카메라를 통해서 보기 때문에 시야가 좁다. 또 진행할 수 있는 수술이 제한되어 있다는 단점이 있다.

다빈치 로봇의 위쪽에는 카메라와 수술 도구를 움직일 수 있는 로봇이 달려 있다. 그 옆에는 로봇을 조종할 수 있는 제어 장치가 있다. 제어 장치에는 입체 스크린이 달려 있어, 기존의 복강경 수술과 다르게 입체적인 시야를 가지고 수술할 수 있다. 그리고 엄지와 검지를 끼울 수 있는 조종간이 있다. 이것을 이용하면 수술에 사용하는 집게를 움직일 수 있는데 다빈치 로봇은 매우 세밀한 동작까지 가능해, 포도의 껍질을 벗길 수 있을 정도다.

군사용 로봇 중에서는 MQ-9 리퍼를 소개한다. 이 챕터에서는 여러 가지 군사용 로봇들이 소개되는데, 그중 MQ-9이 실전에서 가장 꾸준히 이용되고 있다. MQ-9은 무인 비행기다. 보통 무인기라고 하면 쿼드콥터(Quadcopter)처럼 4개의 프로펠러가 달린 비행체를 생각하기 쉽지만, 원래는 비행기로 만든 무인기의 역사가 더 길다. MQ-9은 최대 27시간 동안 비행할 수 있는데, 무인기이기 때문에 가능한 것이다. 만약 사람이 탔다면 중간에 식사나 화장실 문제도 있고, 무엇보다 사람은 이렇게 오랜 시간 동안 비행에 집중할 수가 없다. 그러나 MQ-9의 경우 조종사는 멀리 떨어진 지상에서 조종하고 있고, 중간에 다른 조종사와 교대도 가능하므로 문제가 없다. 또 위험한 곳을 비행하다 사고가 나도, 적어도 사람이 죽거나 다치지는 않기 때문에 좀 더 과감한 임무를 맡아서 수행할 수 있다.

그러나 기존의 전투기들처럼 빠르거나 기동성이 좋지는 않고 사용할 수 있는 무기도 기존 전투기에 비하면 부족하므로 전면전보다는 주로 정찰을 수행하거나, 고가치 목표라고 부르는 작은 목표를 공격하는 데 사용한다. 특히 테러와의 전쟁이 시작되면서, 테러 단체의 수장을 공격하는 데 많이 이용되었다. 그러나 아무리 무인기이고 로봇이라 하더라도 공격 목표를 정하는 것은 결국 사람이다. MQ-9도 잘못된 사람을 공격하거나, 목표 주변에 있는 사람들까지 죽이거나 다치게 하는 바람에 미군은 여러 가지 곤욕을 치러야 했다.

미래의 로봇 중 소개할 로봇은 화성 탐사선 큐리오시티(Curiosity)이다. '호기심'이라는 이름을 가진 이 로봇은 사람이 가기 힘든 화성을 탐사하기 위해 만들어져서 화성으로 보내졌다. 화성뿐 아니라 우주탐사에 로봇이 가는 경우는 드물지 않다. 우주에 사람을 보낼 경우, 가혹한 우주 환경에서 오랜 시간 동안 이동해야 하고, 그동안 먹을 식량과 숨 쉴 산소가 필요하다. 결정적으로 임무가 끝나면 돌아오는 방법을 마련해야 하므로 결코 쉬운 일이 아니다. 그래서 지금까지 사람이 우주에 간 경우는 우주 정거장과 달뿐이다.

그러나 로봇은 전원을 공급하고 지구와 계속 통신할 수 있으면 갈 수 있는 거리의 제약이 훨씬 적고 회수할 필요도 별로 없다. 1957년 최초로 우주에 간 것도 사람이 아닌 구소련의 인공위성 스푸트니크였다. 우주탐사 로봇이 어디까지 갈 수 있는지 가장 잘 보여준 것은 1977년에 우주로 쏘아 보낸 보이저 1호와 2호이다. 이 둘은 목성, 토성, 천왕성, 해왕성을 촬영하고 1호는 2013년에, 2호는 2018년에 태양계를 벗어났다. 그리고 그 이후로도 지구와 계속 교신하면서 태양계 저 너머를 탐험하고 있다.

큐리오시티는 보이저와는 다르게 우주 공간에서 행성을 관측하는 임무가 아니라 화성 표면에 착륙해 화성 표면을 탐사하고, 화성의 토양을 분석하는 임무를 맡았다. 큐리오시티는 2011년 11월 26일 지구를 출발해 9개월을 우주 비행한 끝에 2012년 8월 6일 화성에 도착했다. 화성 표면을 탐색하면서 화성의 지표는 무엇으로 구성되어 있는지 분석하고, 화성 표면 사진을 찍어 지구로 보냈다.

이 책을 쓴 데이비드 햄블링은 영국의 기술 분야 전문 저널리스트 겸 작가이다. 여러 신문과 잡지에 글을 쓰고 있으며 군사 장비에 쓰이는 놀라운 첨단 기술을 소개한 첫 번째 책 《웨폰즈 그레이드(Weapons Grade)》와 드론 전쟁에 대해 깊이 분석한 《스왐 트루퍼즈(Swarm Troopers)》를 펴냈다.

사실 로봇을 설명한 책은 많다. 대부분 로봇이 가져올 미래를 설명한다. 하지만 이 책에서는 이미 만들어진 로봇과 그 로봇의 기능을 설명한다. 어떤 로봇은 산업 현장이나 농장에서 쓰이고 있고, 어떤 로봇은 아직 실용화되지는 않았지만, 세상에 개발 목적과 성능이 공개된, 존재하는 로봇이다. 한마디로, 다양한 목적을 가진 여러 종류의 로봇 개발 목적과 작동 원리를 상세히 설명한 책이다. 로봇 개발 역사에서 중요한 위치에 있는 로봇을 살펴볼 수 있다는 점은 매우 흥미롭다.

로봇은 무엇으로 이루어져 있을까?

로봇에 대한 정의는 여러 가지다. 그중 하나를 고르자면, '사전에 정해진 규칙에 따라 스스로 판단해 사람의 노동을 돕거나 대신하는 기계 장치'다. 이 정의를 따르기 위해서는 많은 장치가 필요하다. 우선 사전에 정해진 규칙을 입력하고, 그것에 따라 스스로 판단하기 위한 장치다. 이것을 '컴퓨터(Computer)'라고 부른다. 사람으로 치자면 뇌에 해당하는 부분이다. 또한 판단하기 위해서는 판단을 위한 정보를 수집하는 장치가 필요하다. 이것을 '센서(Sensor)'라고 부른다. 그리고 뇌가 판단한 대로 움직이려면 근육이 필요한 것처럼, 로봇도 판단대로 움직이기 위한 기계 장치가 필요하다. 이것을 '구동기(Actuator)'라고 한다.

로봇에 들어가는 컴퓨터는 우리가 쓰고 있는 컴퓨터와 본질적으로 같다. 여느 컴퓨터처럼 중앙처리장치(Central Processing Unit, CPU)가 들어가서 프로그램을 운영한다. 다만 용도에 따라 좀 더 작고 전력을 덜 쓰는 컴퓨터를 사용할 때도 있다. 이것을 '임베디드 컴퓨터(Embedded computer)' 또는 '스몰 보드 컴퓨터(Small Board Computer, SBC)'라고 부른다. 또한 CPU에 RAM, ROM, 기억장치 등을 묶어서 하나의 칩으로 만드는 경우가 있는데, 이것을 '마이크로 컨트롤러(Microcontroller)'라고 부른다. 여러 가지 장치를 하나의 칩에 넣은 만큼 크기는 작고, 일반 컴퓨터용 CPU보다는 성능이 부족하다. 하지만 컴퓨터 정도의 고성능이 필요 없는 경우에는 로봇을 제어하는 용도로 쓰기에 아무 문제가 없다.

로봇에 들어가는 컴퓨터가 프로그램대로 판단하기 위해서는 상황을 파악해야 한다. 이때 센서를 쓰는데, 센서는 무엇을 측정하는지에 따라, 그리고 어떤 방법으로 측정하는지에 따라 여러 종류로 구분할 수 있다. 대부분의 센서는 정보를 전기 신호로 변환해서 컴퓨터에 전달한다. 우선 사람의 눈에 해당하는 '시각 센서'가 있다. 시각 센서라고 하니까 대단해 보이지만, 이미 우리는 매일같이 주변에 있는 도구에서 시각센서를 보고 있다. 바로 스마트폰이나 태블릿에 있는 카메라다. 또 우리 주변의 CCTV 카메라나 웹캠도 같은 장치이다. 실제로 웹캠을 로봇용 카메라로 쓰는 경우도 많다. 카메라는 영상 정보를 전자신호로 바꿔주는 역할을 한다. 이때 영상정보를 전기 신호로 바꾸는 부품을 '이미지 센서'라고 한다.

또 사람의 귀 역할을 하는 센서가 있는데, 바로 '음향 센서'다. 음향 센서 역시 우리 주변에서 쉽게 볼 수 있는데, 바로 마이크다. 마이크는 소리가 마이크 안에 있는 판을 진동시키면

공장에서 배터리를 조립하고 있는 로봇팔

그것을 전기 신호로 바꾸는 역할을 한다. 이런 마이크를 이용해 소리를 측정하기도 하고, 두 개 이상의 마이크를 이용해 어디서 소리가 났는지 찾기도 한다.

로봇이 사용하는 또 다른 센서는 '힘 센서'이다. 힘 센서는 로봇의 팔과 다리 또는 손가락에 작용하는 힘을 측정한다. 이것을 로봇의 다리에 달면 로봇 다리에 얼마만큼의 힘이 실리는지 알 수 있다. 팔에 달면, 얼마나 무거운 물건을 들고 있는지 알 수 있고, 주변의 사람이나 물체가 로봇의 팔과 부딪혔을 때도 바로 알 수 있다. 그리고 힘 센서를 로봇의 손가락에 달면, 얼마나 강한 힘으로 물체를 잡고 있는지 파악할 수 있

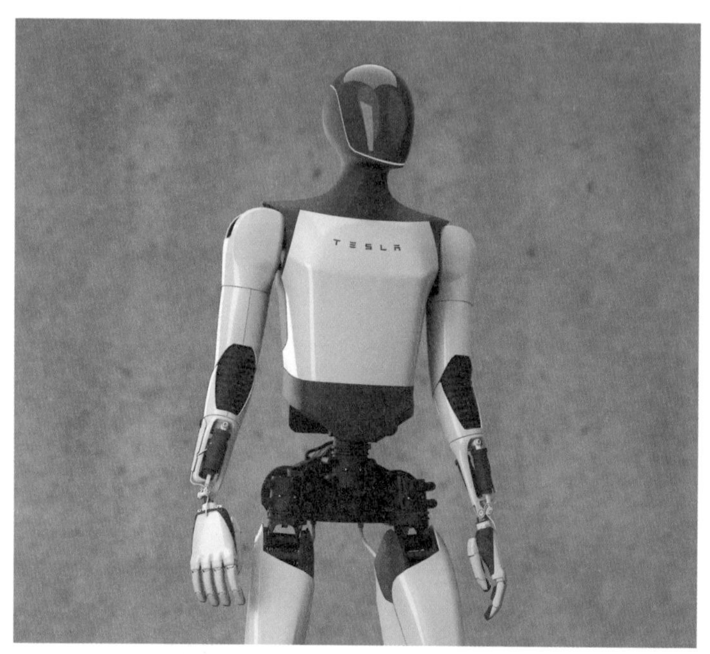

테슬라에서 개발 중인 범용 로봇 휴머노이드

다. 이것을 이용해 달걀 같은 약한 물체도 깨지지 않게, 그러면서도 미끄러져 떨어지지 않게 적당한 힘으로 쥘 수 있다.

다음은 '자세 센서'이다. 자세 센서는 로봇이 어떤 자세인지 로봇에게 알려 줘서 넘어지지 않는 동작을 취하게 한다. 사람의 귀에 있는 전정기관과 같은 역할을 하는 센서이다.

로봇의 구동기에는 유압 구동기, 인공 근육 등 많은 종류가 있지만, 가장 많이 쓰이는 것은 전기모터다. 전기모터는 사용자가 원하는 대로 움직일 수 있게 제어가 쉽다. 전원인 전기를 구하기 쉬우며, 따로 펌프가 필요한 유압과는 달리, 소음이 적고 설계에 따라 다른 설비 없이 구동할 수 있다. 하지만 유압 구동기에 비교하면 출력이 부족하고 반응성이 다소 느리며, 모바일 로봇의 경우 배터리의 효율이 엔진보다 부족하다는 단점이 있다.

이렇게 로봇을 구성하는 요소는 다양하므로, 로봇을 연구하고 개발하는 사람들은 자신의 전공 외의 분야도 어느 정도는 알고 있어야 한다. 그래야 자신의 분야를 로봇에 적용할 때 다른 부품과 어떻게 같이 작동할 것인지를 염두에 두고 로봇을 개발할 수 있기 때문이다.

참고자료 ....
나사의 벌, 로버트 워 지음, 정수영 옮김, 시그마북스, 2023
영화 〈메건〉, 2023
영화 〈채피〉, 2015

8

공학을 꿈꾼다면
꼭 알아야 할 반도체 이야기

최리노의 한 권으로 끝내는 반도체 이야기

최리노 지음 | 양문 | 2022

세상을 움직이는 작은 칩의 힘

반도체는 '현대 산업의 쌀'이라고 불릴 만큼, 쓰이지 않는 곳이 없을 정도로 광범위하게 사용된다. 우리가 가장 쉽게 접할 수 있는 컴퓨터나 스마트폰은 물론이고, 기계장치의 대표격인 자동차에도 사용된다. 예를 들어, 자동차의 엔진을 제어하는 회로에는 반도체가 필수적이다.

최근에는 전기를 전달할 때도 반도체를 이용해 전압을 조절하며, 전기자동차의 바퀴를 돌리는 전기를 제어할 때도 반도체를 이용한다. 이제 반도체는 전자기기뿐 아니라, 일상과 산업 전반을 움직이는 핵심 기술이 되었다.

그렇기 때문에 공대 진학을 고민하는 청소년에게 반도체를 짚고 넘어가지 않을 수는 없다. 물론 반도체의 원리를 완전히 이해하는 일은 결코 쉽지 않다. 깊이 들어가면 양자역학의 개념까지 다뤄야 하기 때문이다.

하지만 진로를 고민하는 청소년의 눈높이에 맞춘 반도체 입문서가 있다. 바로《최리노의 한 권으로 끝내는 반도체 이야기》다. 이 책은 반도체의 핵심 개념을 쉽고 흥미롭게 풀어내, 입문자도 부담 없이 읽을 수 있도록 도와준다.

반도체의 작동 원리부터 양자컴퓨터까지 한눈에 보는 진화

사람들이 '반도체'라고 부르는 것에는 두 종류가 있다. 이 둘은 '반도체 물질'과 '반도체 소자(素子)'로 구분한다. 어떤 원소에 분순물을 섞어 전자가 하나 남는 반도체 재료와 전자가 하나 부족한 반도체 재료를 만든 다음, 둘을 붙여 만든 것이 반도체 소자다. 이것을 매우 작게 만들어서 좁은 공간에 가득 담은 것이 흔히 말하는 '집적회로'이다.

이 책에서는 반도체 소자의 역사를 '증폭 회로'에서 찾는다. 반도체 소자는 원래 증폭 소자(Amplifier)를 만들기 위해 만

들어진 것이다. 영어 단어의 앞 세 글자를 따서 '앰프AMP'라고도 부르는데, 이 용어가 익숙한 사람도 있을 것이다. 바로 전자 기타나 베이스의 소리를 더 크게 만들어주는 장치인 앰프다. 증폭 소자는 이렇게 작은 신호를 증폭시켜서 더 멀리 갈 수 있게 해준다. 전화와 전신이 발전하면서 앰프는 쓰임새가 더욱 중요해졌다. 과거에는 진공관이 하던 역할이다. 그러나 진공관은 무겁고 전기를 많이 소모하는 단점이 있었다. 이러한 단점을 극복하려면 반도체로 소자를 만들면 될 것이라고 예측은 했지만, 오랫동안 좀처럼 성공하지 못했다. 반도체 재료 기술이 발달하면서 점점 순도가 높은 반도체 재료가 나오게 되었고 이를 기반으로 1947년 벨 연구소에서 최초의 반도체 트랜지스터가 개발되었다.

그렇다면 반도체 소자는 현대 컴퓨터에 어떻게 기여했을까? 현대 컴퓨터의 기본은 이진법을 기초로 한 논리게이트다. 이러한 논리회로가 여러 개 모여서 컴퓨터의 중앙처리장치(Central Processing Unit, CPU)를 구성하는데 이것을 종이 위가 아니라 실제로 구현하려면 여러 개의 스위치가 필요하다. 스위치가 많으면 많을수록 컴퓨터의 성능은 점점 좋아지는데, 문제는 이러한 스위치를 기존의 기술로 구현하면 크기가 너무 커지고, 전력 소모가 많다는 점이다. 이때 트랜지스터를 스위치로 사용할 수 있겠다는 아이디어가 등장했다.

트랜지스터를 발명한 윌리엄 쇼클리, 존 바딘, 월터 브랜든 중, 쇼클리는 이후 벨 연구소를 나와 자신의 회사를 차렸다. 그러나 그의 괴팍함에 질린 직원들이 회사를 나와 여러 반도체 회사를 차렸는데, 이것이 바로 실리콘 밸리의 시작이다. 실리콘 밸리라는 이름에서 보이는 또 하나의 발전은 반도체 소자의 재료로 저마늄 대신 '실리콘'을 쓰기 시작했다는 것이다. 실리콘은 저마늄보다 다루기 어렵지만, 훨씬 좋은 성능을 낼 수 있었다. 여러 도전 끝에 실리콘을 기반으로 한 반도체 소자가 만들어지게 되었고, 여기에 더해 집적회로가 개발되기 시작했다. 기존의 반도체 소자가 다이오드 따로, 트랜지스터 따로였다면, 이 둘을 한 번에 붙여서 만든 것이 초기의 집적회로였다.

1958년 미국의 전자공학자 잭 킬비(Jack St. Clair Kilby)는 집적회로를 만드는 데 성공했다. 이때는 손으로 만들어서 크기가 컸지만, 얼마 후 다른 아이디어가 나왔다. 실리콘 판 위에 회로의 모양대로 마스크를 씌우고 화학 물질을 이용해 깎고, 금속 증기를 실리콘 판 위에 쏘여 전선을 만드는 방식이었다. 이것을 '집적 소자'라고 부른다.

여기서 더 나아가 컴퓨터가 연산하는 과정에서 연습장처럼 쓸 수 있는 메모리도 반도체로 만들기 시작했다. 흔히 말하는 'RAM(Random Access Memory)'이 바로 연습장처럼 쓸 수 있는 메모리다. '금속 산화막 반도체 전계 효과 트랜지스터 (Metal-Oxide-Semiconductor Field-Effect Transistor, MOSFET)'가 나오면서 본격적으로 반도체를 기반으로 한 RAM이 만들어지기 시작했다. 그중 하나가 'DRAM(Dynamic Random Access Memory)'이다. DRAM의 원리는 축전기를 이용해 축전기가 충전되어 있으면 1, 방전되어 있으면 0으로 기록하는 것이다. 이렇게 축전기를 계속 충전하고 방전해야 하기 때문에 스위치로 트랜지스터를 이용했다.

같은 크기의 반도체 소자에서 성능을 더 높이려면, 좀 더 많은 트랜지스터를 포함한 전자 소자들을 꽉꽉 집어넣어야 했다. 이러한 정도를 '집적도'라고 한다. 그러다 보니 집적회로 안에 있는 전선의 폭이 점점 좁아져야 하는데, 요즘은 머리카락의 10만분의 1 단위인 나노미터(nm) 단위를 쓴다. 최근에는 3나노미터 공정이 실용화되고 있고, 1.6 또는 1.4 나노미터에 도전 중이다.

이렇게 작은 단위를 다루는 공정에서는 먼지 한 톨도 큰 문제가 된다. 그래서 뉴스에 등장하는 반도체 공장에서는 항상 흰옷으로 온몸을 감싸고 일하는 사람들을 볼 수 있다. 몸에서

반도체 생산시설의 클린룸

떨어지는 먼지를 막기 위해서인데, 이렇게 깨끗함을 유지하는 공간을 '클린룸(Clean Room)'이라고 한다.

그러나 이렇게 미세한 공정을 하는 것만으로는 곧 한계에 다다르기 시작했다. 이를 극복하기 위한 새로운 아이디어가 등장하고 있는데, 가장 대표적인 것이 반도체를 3차원으로 만드는 것이다. 반도체 소자 위에 다른 반도체 소자를 얹어 더 많은 집적도를 구현하는 방식이다.

뿐만 아니라 이 책에서는 반도체 산업의 분업화에 대해서도 설명한다. 반도체 소자를 설계하는 기업, 설계도 대로 반도체 소자를 만드는 기업, 반도체 소자를 만드는 순도 높은 재료를 공급하는 기업, 반도체 소자를 만드는 장비를 만드는 기업 등, 여러 회사가 얽혀서 이루어진 것이 반도체 산업이다. 이들 회사 중 한 곳에 작은 문제만 있어도 반도체 생태계에는 큰 문제가 생긴다.

그렇다면 반도체 소자의 미래는 어떤 모습일까? '폰 노이만 구조'처럼, 현재 대부분의 컴퓨터가 따르는 방식은 처리장치와 기억장치가 나뉘어 있는 구조인데, 반도체는 이 한계를 넘는 새로운 컴퓨터 구조를 가능하게 해줄 수 있다. 양자컴퓨터나 사람의 뇌 구조와 작동 원리를 모방한 '뉴럴모픽(Neuromorphic) 반도체 소자가 대표적인 예다. 이러한 소자들은 기술적 어려움 때문에 아직 일반화되지는 않았지만, 계속 연구 중이다. 많은 사람들의 노력으로 인류가 진공관을 벗어나 반도체 소자를 쓰는 것처럼 언젠가 '폰 노이만 구조' 컴퓨터보다 발전된 컴퓨터를 만나게 될지도 모른다.

청소년 눈높이에 맞춘 반도체 이야기

이 책에서 반도체를 꼭 다루어야겠다고 마음먹은 뒤 관련 도서들을 찾아보면서 정말 놀랐다. 생각보다 반도체에 대한 책이 너무 많았기 때문이다. 그러나 그중 절대다수는 반도체 산업의 전망이나 반도체 관련 기업의 주가에 초점을 맞춘 책들이었다. 내가 다루고 싶었던 주제는 반도체의 과학적 원리였기 때문에, 이런 종류의 책들은 일단 제외했다.

다행히도 몇 권의 책이 남았고, 그중에서 전공자나 반도체 분야에서 일한 사람이 쓴 책들을 우선적으로 추렸다. 그리고 내용이 지나치게 어렵지 않으면서, 청소년도 이해할 수 있을 만큼 친절한 표현으로 쓰인 책을 골랐다.

청소년이 반도체에 대해 궁금한 것이 반도체 산업이나 산업을 둘러싼 국제관계일 수도 있다. 하지만 이런 내용은 시대에 따라 끊임없이 바뀐다. 또 비전공자가 쓴 책은 비교적 쉽게 읽힐 수는 있어도 전공 선택이나 학습의 기준이 될 수 있는 핵심 내용을 제대로 담기는 어렵다. 또 본격적인 전공 서적은 청소년에게는 지나치게 어렵고 오히려 흥미를 떨어뜨릴 수 있다. 이 모든 점을 고려해, 전공자의 시각과 전문성을 바탕으로 하되 청소년 눈높이에 맞춰 쉽게 설명한 이 책을 선택하게 되었다.

저자인 최리노 교수는 서울대학교 무기재료공학과 학사 및 석사를 졸업하고 대우자동차 기술연구소 연구원으로 일했다. 그 후 텍사스 오스틴대학교에서 재료공학 박사학위를 받았다. 세계적 반도체 컨소시엄 SEMATECH 소자신뢰성팀 프로젝트 매니저와 산업부 산하 산업기술평가관리원 반도체PD를 거쳐 현재 인하대학교 신소재공학과 교수로 있다.

반도체는 무엇일까?

신문 기사나 뉴스를 보면 반도체나 반도체 산업에 대한 이슈가 참 많다. 우리 주변의 컴퓨터와 스마트폰에 모두 반도체가 들어가고, 중요한 역할을 하기 때문일 것이다. 또 반도체를 생산하는 기업에 관한 이야기도 많다. 그런데 막상 반도체가 무엇인지 찾아보면 '도체와 부도체 사이에 있는 물질'이라는 정보 정도만 찾을 수 있을 뿐이다. 과연 반도체라는 물질과 반도체라는 제품 사이에는 어떤 관계가 있는 걸까?

반도체라는 물질을 알려면 왜 이러한 물질이 필요하게 되었는지를 먼저 알아야 한다. 전자공학 기술이 발전하면서, 여러 가지 전자회로 부품이 개발되었다. 그중의 하나가 '진공관(眞空管, Vacuum tube)'이다. 진공 속에서 금속이 가열되면 전자가 방출되는데 이것을 '열전자방출 현상'이라고 한다. 방출된 전자에 외부에서 전기장을 가하면 전자를 한쪽으로만 움직이게 할 수 있고, 더 빠르게 움직이게 할 수도 있다. 이를 이용하면 전기를 한 방향으로만 흐르게(정류) 할 수도 있고 전류를 더 강하게 흐르도록(증폭) 할 수도 있다. 이런 기능을 위해 유리관에 금속 부품과 회로가 들어간 전자 부품이 바로 진공관이다.

최초의 진공관은 1904년 영국의 존 앰브로즈 플레밍(John Ambrose Fleming)이 발표한 '2극 진공관(Diode)'이다. 이후 1907년 미국의 발명가 리 디포리스트(Lee de Forest)가 여기에 그리드를 추가해 전류의 증폭을 가능하게 만든 '3극 진공관(Triode)'을 만들어 특허 등록했고, 이후 다양한 진공관이 등장했다.

그러다 1940년대에 전자식 컴퓨터가 본격적으로 등장하기 시작했다. 이때는 진공관을 이용해서 컴퓨터를 만들었기 때

여러 가지 종류의 진공관

에니악

문에 성능은 낮으면서 크고 무거웠다. 에니악(ENIAC)의 무게는 27톤이 넘었고, 크기는 대략 폭이 20m, 높이는 2m, 깊이는 1m나 되었다. 또한 150kW의 전력을 소모했다. 그만큼 진공관을 이용한 컴퓨터는 크기와 무게와 소비 전력이 컸다. 이 문제를 해결하려면 진공관보다 작고 가벼운 전자 부품을 만들어야 했다.

그 해결책으로 등장한 것이 반도체다. 반도체의 자세한 원리는 양자역학과 연관이 있어 여기에서 설명하기는 적절하지

왼쪽부터 진공관, 트랜지스터, 집적회로. 점점 크기가 작아지는 것을 알 수 있다.
ⓒvalco

않다. 다만 규소 같은 주기율표의 14족 물질에 갈륨 같은 13족 원소나 비소 같은 15족 원소를 불순물로 섞으면 전기적 특성이 바뀐다. 이때 13족 원소를 섞은 반도체를 'p형 반도체', 14족 반도체를 섞은 반도체를 'n형 반도체'라고 부른다.

이러한 반도체로 만든 전자 부품 중 대표적인 것이 반도체 '다이오드'와 반도체 '트랜지스터'이다. 반도체 다이오드에는 여러 가지가 있지만, 가장 대표적인 것이 p형 반도체와 n형 반도체를 붙여 놓은 형태이다. 반도체 다이오드는 2극 진공관과 같이 전류를 한 방향으로만 흐르게 하는 '정류 작용'을 한다.

앞서 설명한 것처럼 트랜지스터는 1947년 벨 연구소의 월 터 하우저 브래튼(Walter Houser Brattain)과 존 바딘(John Bardeen), 윌리엄 쇼클리(William Shockley)가 저마늄을 이용해 최초로 제 작했다. 이 공로로 세 사람은 1956년 노벨물리학상을 수상 했다.

트랜지스터의 역할은 '증폭'과 '스위칭'이다. 기본적인 트 랜지스터의 구성은 두 가지 같은 반도체 사이에 다른 반도체 하나가 들어가 있는 것이다. 그래서 가운데 있는 재료가 무엇 이냐에 따라 'npn 트랜지스터'와 'pnp 트랜지스터'로 구분할 수 있다. 이러한 반도체 전자 부품들은 기존의 진공관보다 가 벼우면서 전력 소모는 훨씬 적었으므로, 빠르게 진공관을 대 체하기 시작했다.

여기서 한 단계 더 변화가 일어난다. 전자 부품을 더욱 작 게 만들어서 작은 칩 하나에 담는 것이다. 이것을 '집적회로 (Integrated Circuit, IC)'라고 한다. 최초의 집적회로는 의외로 반 도체가 아니라 진공관에서 먼저 나왔다. 그러나 진공관이라 는 한계를 벗어날 수는 없었기 때문에 반도체를 이용한 집적 회로의 개발로 이어졌다.

집적회로에 대한 여러 가지 아이디어들은 많이 있었지만

잭 킬비가 만든 최초의 반도체 집적회로

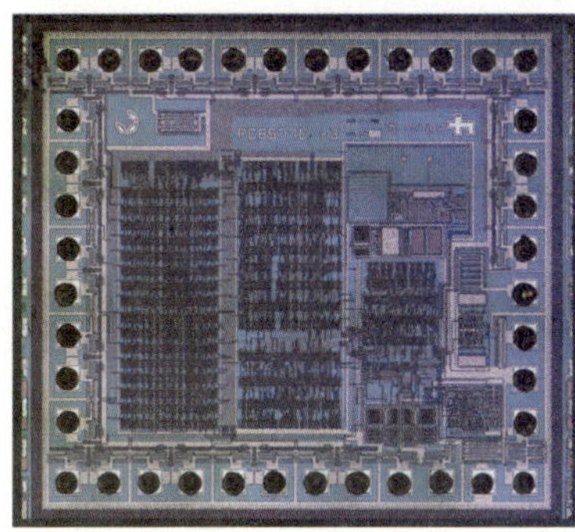

LCD 화면 제어용 집적회로의
현미경 사진.

최초의 반도체 기반 집적회로는 1958년 반도체 기업인 텍사
스 인스트루먼트(Texas Instruments, TI)에서 일하던 잭 킬비가 저
마늄을 이용해 다이오드 하나와 트랜지스터 하나가 붙어 있

1960년대 초 텍사스 인스투르먼트 엔지니어들과 잭 킬비(가운데)
ⓒJames R. Biard

고 금으로 만든 전선으로 연결한 단일 전자 소자를 만든 것에서 시작한다. 킬비는 이 공로로 2000년 노벨 물리학상을 수상했다.

그 후 페어차일드 반도체(Fairchild Semiconductor)에서 일하던 로버트 노이스(Robert Noyce)가 1959년에 규소를 이용한 집적회로를 만들면서 우리가 아는 집적회로가 만들어지기 시작했다. 노이스의 집적회로는 작은 면적에 여러 개의 트랜지스터를 포함한 전자 소자를 넣고 각각의 소자를 아주 가는 선으로 연결하는 것이었다.

집적회로를 만드는 기술은 점점 발달했다. 에니악 개발 50주년을 기념하고자 펜실베이니아 대학에서 에니악과 같은 구조와 기능을 가진 반도체 칩을 만들었다. 크기는 가로 7.44mm, 세로 5.29mm였고, 소비 전력은 0.5W였으며, 작아진 크기와 더 적은 소비 전력에도 불구하고 처리 속도는 200배나 빨랐다.

결론을 말하자면 우리가 흔히 말하는 전자 부품으로서의 반도체는 집적회로다. 그러나 집적회로를 만들려면 보통 반도체 물질을 이용해야 하므로 아주 틀린 표현은 아니다. 특히 초기에 집적회로를 만들던 미국의 회사들이 '페어차일드 반도체'처럼 회사 이름에 반도체를 넣었기 때문에 사람들이 반도체와 집적회로를 구분하지 못하게 되는 결과를 낳은 것이다.

참고자료 ···

처음 배우는 반도체, 기쿠치 마사노리지음, 유순재 옮김, 북스힐, 2022
반도체가 그렇게 중요한가요?, 김보미·채인택 지음, 주노 그림, 서해문집, 2023

9

원자력의 역할과 가치는 무엇인가?

원자력 바로 알기

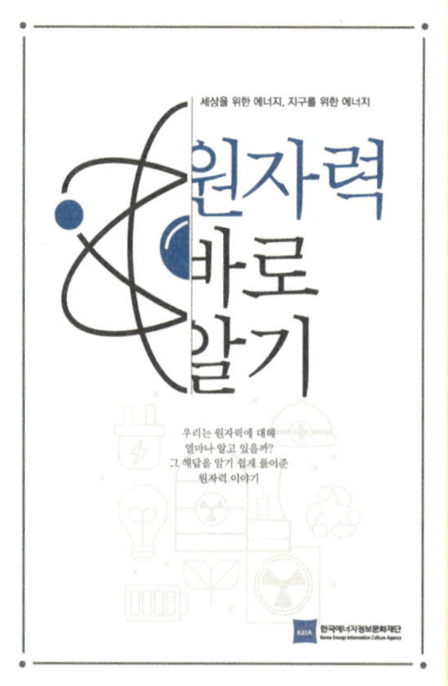

원자력 바로 알기 편찬위원회 지음 | 한국에너지정보문화재단 | 2024

과학으로 바라보는 원자력 바로 알기

이번에 살펴볼 분야는 원자력공학이다. 원자력공학은 핵분열이나 핵융합을 통해 원자핵에서 나오는 에너지를 활용하는 방법 그리고 이 과정에서 나오는 방사성 동위원소 등을 의료나 농업 분야에 응용하는 방법을 연구하는 학문이다. 원자력의 대표적인 활용 사례는 원자력 발전이며, 아직 실용화 단계는 아니지만 핵융합 에너지에 대한 연구도 활발히 진행 중이다. 이 밖에도 암 치료에 사용되는 방사선 치료 등 다양한 분야에 원자력이 이용된다.

그러나 원자력은 그 특성상 위험성에 대한 우려와 논란이 따라오는 분야이기도 하다. 그렇다고 해서 논란을 외면하는 것은 바람직하지 않다. 오히려 논란이 있을수록 한쪽 주장에만 매몰되지 않고, 다양한 시각에서 과학적 근거를 분석하고 검토하는 자세가 필요하다.

소개할 책은 이런 논란 속에서 사실에 기반한 정보를 전달하고자 기획된 책이다. 바로 한국에너지정보문화재단에서 펴낸 《원자력 바로알기》이다.

핵분열부터 폐기물 처리까지, 원자력의 모든 것

기후 위기의 시대에 탄소 배출을 줄이기 위해서는 원자력 발전이 필요하다. 화석연료를 구할 수 있는 곳은 한정적이기 때문에, 국제정세에 따라서 필요한 화석연료를 구하지 못할 수 있다. 중동전쟁과 러시아의 천연가스 중단 사태를 떠올려 보라. 결국 에너지 안보를 위해서는 원자력 발전이 중요하다.

인류는 선사시대부터 불을 이용해 음식을 조리하고, 풍력이나 수력으로 곡식을 빻는 방법으로 에너지를 사용해 왔다. 그러나 본격적으로 대량의 에너지가 필요해졌고, 그것이 국가적 과제로 떠오른 것은 산업혁명 시대였다. 당시 기술로 증기기관을 작동하게 하기 위해서는 석탄이 필요했고, 구하기 쉬운 석탄으로 영국은 산업혁명의 선두에 설 수 있었다.

그러다가 19세기 말부터 20세기 초에 걸쳐 주요 에너지원이 석유로 옮겨갔다. 국토에 많은 유전을 가지고 있고 개발할 여력도 있었던 미국이 강대국의 반열에 오르기 시작했고, 유전을 가지고 있지 않았던 영국은 본격적으로 중동 지역의 석유 이권에 개입하기 시작했다. 많이 사용되던 화석연료는 1952년 12월 5일부터 9일까지 발생한 런던 스모그로 4천여 명의 사람들이 사망하면서 본격적으로 사회적 논의의 대상이

1946년 원자력법에 서명하는 미국 트루먼 대통령

되었다. 그러면서 난방, 특히 도시의 난방이 LNG(Liquid Natural Gas, 액화 천연가스)로 넘어가기 시작했고, 전기가 중요한 에너지로 등장했다. 조명 에너지원으로 주목받기 시작한 전기는 제2차 세계대전 이후 경제 성장으로 여러 가지 가전제품이 등장하면서 수요가 점점 늘어났다.

우리나라도 예외는 아니어서, 짧은 기간 동안 급격하게 경제 성장이 진행되면서 가전뿐 아니라 공장과 같은 산업현장에서도 많은 전기가 필요하게 되었다. 전기를 안정적으로 공급하기 위해서는 전기를 만드는 에너지원을 다양하게 보유해야 할 필요가 있었다. 이러한 에너지원의 다양성을 '에너지 포트폴리오'라고 한다. 이 책에서는 기존의 화석연료와 재생에너지와 같이 원자력 발전도 에너지 포트폴리오의 중요한 부분이라고 주장한다.

원자력은 어떤 원리로 만들어지는 걸까? 지금까지 발견된 원자력의 종류에는 '핵분열 에너지'와 '핵융합 에너지'가 있지만, 이 책에서는 현재 원자력 발전에서 많이 쓰이는 핵분열 에너지를 주로 이야기한다.

이 세상의 모든 물질은 원자로 이루어져 있다. 원자는 원자핵과 그 주변의 전자로 이루어져 있고, 원자핵은 양성자와 중성자로 이루어져 있다. 원자핵은 양성자와 중성자의 비율에 따라 얼마나 안정적인지가 결정된다. 양성자나 중성자 중 하나의 비율이 너무 높으면 원자핵은 불안해져서, 원자핵 밖으로 양성자와 중성자를 묶어서 내보내는 '알파 붕괴', 양성자와 중성자를 전자로 따로 내보내는 '베타 붕괴', 높은 에너지의 빛을 보내서 원자핵의 에너지를 낮추는 '감마 붕괴'가 일어나서 원자핵을 다시 안정적으로 바꾼다.

이렇게 자연적으로 붕괴가 일어나는 불안정한 원소가 있지만, 안정적인 원소도 있다. 하지만 안정적인 원소에 양성자나 중성자를 쏘면 불안해지면서 쪼개지는데 이것이 '핵분열'이다. 핵분열에 가장 많이 쓰이는 물질은 우라늄이다. 그중에서도 우라늄의 동위원소(양성자 수는 같지만, 중성자 수가 서로 다른 원소)인 우라늄-235를 주로 사용한다. 우라늄-235의 원자핵에 중성자를 쏘아서 부딪히게 하면, 우라늄-235는 불안해지면서 둘로 쪼개지고, 중성자 2개와 방사성 물질을 내놓는다. 그리고 이 과정에서 질량 손실이 생기고, 그만큼 에너지가 만들어진다. 여기까지가 핵분열이다. 이때 나온 중성자는 옆에 있는 다른 우라늄-235 원자핵에 부딪힌다. 그러면서 핵분열이 계속 일어나는데 이를 '연쇄반응'이라고 한다. 이렇게 연쇄반응이 일어나는 공간이 바로 '원자로'다.

원자로에서 가장 중요한 것은 연쇄반응에서 나오는 에너

재난
안전
설계
시공
원자로 완전 밀폐

지로 원자로가 과열되어 파괴되지 않도록 하는 것이다. 또 한 가지는 핵분열 반응에 나오는 중성자의 속도를 적절하게 유지해 연쇄반응이 안정적으로 꾸준하게 일어나게 만드는 것이다. 이렇게 중성자의 속도를 적절하게 유지시켜 주는 재료를 '감속재'라고 하는데, 주로 물이나 흑연을 사용한다. 감속재로 어떤 재료를 쓰느냐에 따라 원자로의 종류를 구분하기도 한다. 원자로에서 핵분열로 나온 에너지는 열에너지다. 이를 이용해 물을 끓여 발전기를 돌려 전기를 만든다. 이것이 바로 원자력 발전이다.

그렇다면 원자력을 안전하게 쓰기 위해서는 어떻게 해야 할까? 이 책에서는 우리가 익히 알고 있는 원자력 발전소 사고인, 미국의 쓰리마일 아일랜드 사고, 소련의 체르노빌 사고 그리고 일본의 후쿠시마 사고를 소개한다.

원자력 발전소를 안전하게 관리하는 방법에는 여러 가지가 있다. 우선 원자로를 완전하게 밀폐해서 방사성 물질이 나올 수 없도록 한다. 또 지진이나 비행기 추락과 같은 재난에도 안전할 수 있도록 최선을 다해 설계하고 시공한다. 물론 이 모든 조치가 완벽하지는 않다. 위에서 언급한 사고들도 이러한 규정이 있었음에도 일어났다. 그러나 이러한 교훈을 받아들여 계속 규정을 보완하면서 원자력 발전소는 운영되고 있다.

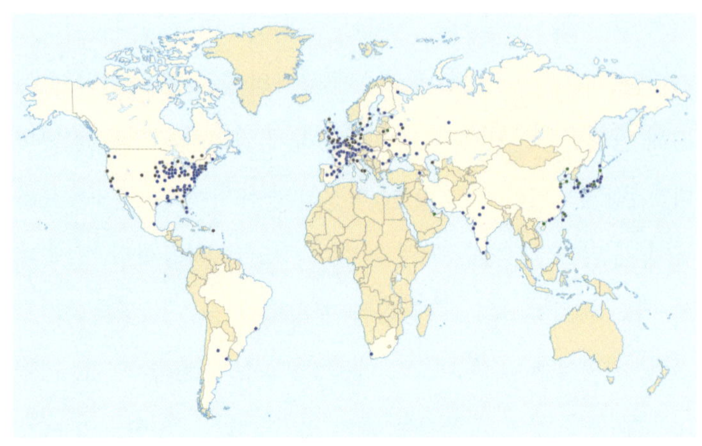

전 세계 원자력 발전소 지도

방사선은 방사성 물질이 안정된 상태로 변할 때 방출되는 입자나 전자기파를 말한다. 방사선이 사람의 몸에 닿거나 내부로 들어오는 것을 '피폭'이라고 하는데 피폭이 일어나면 인체의 DNA가 손상되어 암과 같은 질병이 발생하거나, 손상된 부위가 정상적으로 회복되지 않을 수 있다.

하지만 피폭이 되었다고 해서 반드시 질병이 생기는 것은 아니다. 자연 상태에서도 우리는 지구와 우주로부터 일정량의 방사선을 항상 받고 있기 때문이다. 중요한 것은 얼마나 많은 방사선에 노출되었느냐이다.

이 때문에 원자력 발전소를 지을 때는 방사선이 외부로 새어 나가지 않도록 철저히 차폐 구조를 갖추고, 원자력을 다루는 사람들도 방사선 노출량을 지속적으로 측정한다. 기준치를 초과하면 즉시 조치를 취해 방사선으로부터 인체를 보호하기 위해 최선을 다하고 있다.

또한 연탄이나 숯을 태우면 재가 남듯이, 원자력 발전소에서 핵연료를 사용하면 '폐기물'이 남는다. 여기에 더해, 방사성 물질이 묻은 옷이나 장갑 같은, 사용된 물품들도 모두 '방사성 폐기물'로 분류된다. 폐기물들은 방사성 물질의 오염 정도에 따라 저준위, 중준위, 고준위로 나뉘며, 각각에 따라 처분 방식도 달라진다.

저준위 폐기물은 원자력 발전소에서 사용한 장갑, 걸레 등의 소모품이다. 방사성 폐기물의 절대다수가 저준위다. 중준위 폐기물은 원자력 발전소의 위험 구역에서 착용한 방사선 차폐복이나, 원자로의 부품 등이다. 고준위 폐기물은 전체 폐기물 중에서는 가장 양이 적지만, 폐기물이 내뿜는 방사선의 거의 전부를 차지한다. 고준위 폐기물은 대부분 원자로에서 사용한 폐핵연료이다. 폐핵연료를 재처리해 우라늄과 플루토늄을 뽑아내면 다시 핵연료로 쓸 수 있는데, 이때 나온 방사성 폐기물은 처리해야 한다.

현재 제일 많이 사용하는 방법은 원자력 발전소 안에 두는 것이다. 원자력 발전소 안에는 방사성 물질에서 나오는 방사선을 막을 수 있는 시설이 많아 보관하기 쉽다. 그러나 언젠가는 공간이 부족해질 수밖에 없다. 그래서 저준위 방사성 폐기물이나 중준위 방사성 폐기물은 지진으로부터 안전한 곳에 방사성 폐기물 처리장을 만들어 보관하기도 한다.

전문가 13인이 만든 원자력 입문서

다른 책들과 달리 이 책은 한국에너지정보문화재단에서 펴냈고 13명의 전문가가 필진으로 참여했으며 비매품으로 주요 공공 도서관에 비치되어 있었다. 지금은 인터넷 서점에서 무료 전자책으로 다운받아 읽을 수 있다. 한국에너지정보문화재단은 1992년 원자력문화재단으로 설립되었다. 원자력에 대한 국민 이해 증진을 목적으로 만들어진 기관이었고, 2017년에 명칭이 바뀌었다.

아무리 무료 전자책으로 읽을 수 있다고 하지만, 비매품인 이 책을 선정하는 데는 많은 고민이 있었다. 또한 한국에너지정보문화재단의 설립 목적이 목적이니만큼, 원자력 발전에 대해 긍정적인 내용을 담고 있다. 그러나 국내의 전문가가 이 정도로 모여서 만든 책은 찾기 힘들고, 여기서 언급하는 원자력의 중요성에 관한 주장의 근거 역시 충분하기에, 적어도 검증되지 않은 주장을 기반으로 공포를 조장하는 책보다는 훨씬 훌륭하다고 생각한다. 특히 2~5장의 내용은 원자력에 대해 충분히 검증된 지식을 알기 쉽게 설명했으므로 원자력에 대한 찬반을 막론하고서라도 원자력에 대한 이해를 돕는 데 매우 훌륭한 자료다.

원자로의 원리

핵분열을 통제하고, 핵분열을 통해 에너지와 방사성 물질을 만드는 장치인 원자로에 대해 알아보자.

최초의 원자로는 맨해튼 프로젝트 기간 동안 시카고 대학의 테니스 코트 아래에서 만든 '시카고 파일-1(Chicago Pile-1, CP-1)'이다. 이 원자로는 시카고 대학에서 개발했다. 시카고 파일-1의 목적은 원자력 발전이 아니라 맨해튼 프로젝트에서 핵무기의 재료로 사용할 플루토늄을 만드는 것이었다. 그러나 핵분열이 통제되지 않고 계속 일어나거나, 원자로 내부의 온도가 계속 올라가거나, 핵분열 과정에서 나오는 방사선

시카고 파일-1

이 원자로 밖으로 나오면 매우 위험하기 때문에 이 세 가지 기능을 갖추었고, 이것은 나중에 만들어지는 원자로의 가장 기본적인 기능이 되었다.

시카고 파일-1의 경우 핵분열이 적당한 속도로 일어나게 하려고 중성자 흡수재인 카드뮴을 얇게 펴서 나무 조각에 못 박는 방법으로 제어봉을 만들어 원자로 안에 넣었다. 시카고 파일-1에서는 이렇게 넣은 나무 조각이 타지 않을 정도로 느린 속도와 낮은 온도에서 우라늄을 플루토늄으로 바꾸었기

146

때문에 냉각장치는 따로 두지 않았다. 그리고 원자로의 외벽은 흑연 벽돌과 흑연으로 감싼 우라늄 벽돌로 만들었다. 그 이후에 나온 원자로들도 모두 이러한 기능을 가지고 있는데, 이 기능을 어떻게 이루는지에 따라 다양한 종류의 원자로로 분류할 수 있다.

원자로는 여러 가지 재료와 구조물로 이루어져 있다. 원자로의 종류에 따라 각각의 재료와 구조물이 있을 수도 있고 없을 수도 있다. 핵연료는 핵분열을 일으키는 물질로 연탄보일러의 연탄과 같은 것이다. 보통 연료봉을 엮고, 겉은 지르코늄 합금으로 코팅한다. 중성자 감속재는 원자로 안에서 중성자가 적당한 속도로 움직이게 만들어 핵분열이 계속 일어나게 한다. 중성자의 속도가 너무 빨라도 핵분열이 제대로 일어나지 않기 때문이다 중성자 감속재로는 흑연이나 그냥 물인 경수(輕水, Light water), 물을 구성하는 수소에 중성자가 하나나 둘이 더 있는 중수(重水, Heavy water) 등이 있다.

제어봉은 붕소나 카드뮴으로 만들어서 중성자를 흡수시키고 이를 통해 핵분열 속도를 조절한다. 냉각재는 원자로 안의 온도를 적절한 수준으로 유지시킨다. 또 핵분열 과정에 나오는 열을 옮기는 역할도 한다.

우선 감속재로 무엇을 쓰느냐에 따라 원자로를 구분할 수 있다. 예전에는 흑연을 감속재로 쓰는 '흑연 감속로'를 많이 사용했다. 이 원자로는 원래 핵무기에 쓸 플루토늄을 만들기 위한 것이었는데, 그 후로 발전용으로 계속 사용한 것이다. 체르노빌 원자력 사고가 발생한 원자로가 바로 흑연 감속로다.

원자력 발전에 사용되는 경수로는 일반적인 물(경수)을 중성자 감속재와 냉각재로 함께 사용하는 원자로이다. 경수로는 내부의 물을 어떻게 사용하는지에 따라 '가압수형 경수로(Pressurized Water Reactor, PWR)'와 '비등수형 경수로(Boiling Water Reactor, BWR)'로 나뉜다.

가압수형 경수로는 원자로 안의 물에 높은 압력을 가해 고온에서도 끓지 않도록 한다. 이 뜨거운 물은 열교환기를 통해 외부의 물을 데우고, 그 물이 끓어 생긴 증기로 터빈을 돌려 전기를 생산한다. 반면 비등수형 경수로는 원자로 안에서 물을 직접 끓여 생긴 증기로 터빈을 돌려 전기를 만든다.

'중수 감속로'는 감속재로 일반 물이 아닌 '중수(Heavy Water)'를 사용한다. 중수는 중성자를 잘 흡수하지 않기 때문에 우라늄을 농축하지 않아도 천연 우라늄을 그대로 연료로 사용할 수 있다는 장점이 있다.

우리나라에서는 부산 기장군의 고리 원자력 본부에서 가압경수로 원자로를 3기, 경상북도 경주 월성 원자력 본부에서 중수로 3기, 가압경수로 2기, 전라남도 영광 한빛 원자력 본부에서 가압경수로 6기, 경상북도 울진 한울 원자력 본부에서 가압경수로 8기, 울산 울주군 새울 원자력 본부에서 가압경수로 2기를 운용 중이다.

참고자료

다시 생각하는 원자력, 어근선 지음, Mid, 2022
교양으로 읽는 원자력 상식, 사이토 가쓰히로 지음, 이진원 옮김, 시그마북스, 2024

10

뇌공학자가 그리는 뇌의 미래

뇌를 바꾼 공학, 공학을 바꾼 뇌

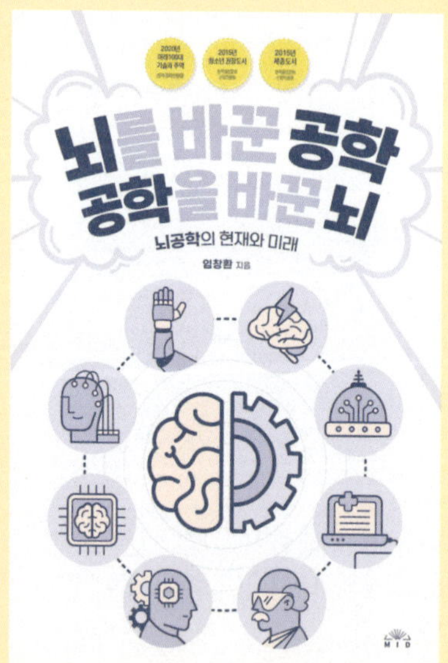

임창환 지음 | Mid | 2023(개정판)

뇌를 탐사하는 뇌공학

지금까지 공학의 여러 분야에 대해 살펴봤다. 마지막으로 다룰 분야는 다른 분야와 밀접한 관계를 맺고 있는 융합 공학이다. 신경과학이라는 분야는, 말 그대로 신경계를 다루는 과학이고 여기서 말하는 신경계에는 뇌도 포함된다. 그래서 뇌과학도 신경과학의 범주에 들어간다. 신경과학은 대표적인 학제간(學際間) 연구이다. 생물학이나 심리학뿐 아니라, 컴퓨터과학, 인지과학, 철학, 경제학, 인류학, 각종 사회과학 등이 '신경'이라는 주제를 중심으로 합쳐진 분야인 것이다. 이러한 융합 학문을 기초로 이를 공학적으로 응용한 기술을 개발하는 것이 바로 뇌공학이다.

우리 인체 중 뇌는 참으로 신기한 기관이다. 생각과 기억을 담당하지만 막상 우리가 뇌에 대해 알고 있는 것은 별로 없다. 뇌에 관해 많은 뉴스가 쏟아져 나오기는 하지만, 어디까지가 믿을 만한지, 어디서부터 믿지 말아야 할지 파악하기 어렵다. 그런 의미에서 이번에는 뇌를 탐사하는 뇌공학에 대해 알아보기로 하자. 읽어볼 책은《뇌를 바꾼 공학, 공학을 바꾼 뇌》이다.

13가지 주제로 설명하는 뇌공학의 현재와 미래

뇌에서 발생하는 신호를 기록하고 이를 해석해서 기억이나 생각을 밖으로 꺼내려는 시도는 계속 있어 왔다. 예전에는 뇌파를 기록해서 생각을 기록하려고 했고 기술이 발전하면서부터는 대뇌피질에 전극을 꽂아 뇌의 전기 활동을 읽으려고 했다.

이러한 연구가 결실을 맺으면서 2012년 뇌에서 보내는 신호를 잡아 로봇 팔을 움직이는 실험에 성공했다. 비록 움직임이 자연스럽지는 않았지만, 그동안 남의 도움을 받아야만 움직일 수 있던 사람들이 자신의 의지로 움직일 수 있다는 것은 엄청난 발전이었다.

REC

뇌에 전극을 연결하는 방법도 있지만 fMRI를 이용한 연구도 있었다. 여러 가지 사진을 보여 주고 각각의 시각 정보에 대한 뇌의 시각피질 활동을 관측했고 이것을 기초로 자는 동안 일어나는 뇌의 활동을 통해 꿈을 재현하는 연구를 진행했다. 사람들이 자는 동안 꾸는 꿈을 모두 기억하는 것은 아니기 때문에, 재현이 정확한지는 확인하기 어려웠지만 그래도 이런 도전은 계속되고 있다.

식물인간 상태의 사람들은 의식이 있고 생각도 하지만, 자신을 다른 사람에게 표현하지 못한다. 만약 소리도 낼 수 없고, 움직일 수도 없는 상황이라면 과연 어떻게 의사소통을 해야 할까?

몇 가지 방법이 있지만, 대표적인 것은 드라마에서 자주 등장하는 눈 깜박거리기다. 왼쪽 눈은 '예', 오른쪽 눈은 '아니오', 같은 방식으로 말이다. 그런데 전신마비 환자 중에는 눈꺼풀조차 움직일 수 없는 경우도 있다. 이때는 뇌파의 변화를 측정해서 환자의 의사를 알아낸다. 전신마비 환자들은 이 정도의 의사 표현만 할 수 있어도 치료에 큰 도움이 된다.

뇌-컴퓨터 인터페이스를 통한 의사소통 방식

루게릭병처럼 몸을 움직일 수 없는 사람들이 의사소통을 할 때 많이 쓰는 방법이 '안구 마우스'이다. 안구의 움직임을 따라 커서를 움직여 원하는 표현이나 단어를 고르는 방법이다. 그러다가 병이 점점 심해지면 안구를 움직이는 근육마저 움직일 수 없게 된다. 몸이라는 감옥에 영혼이 갇히는 상황이 되는 것이다. 다행히 의식은 명료하고 생각하는 능력도 그대로이므로 '뇌-컴퓨터 인터페이스'를 이용하면 의사소통을 진행할 수 있다.

비슷한 경우로 뇌졸중 때문에 운동능력을 잃은 환자가 재활운동을 할 때 이미지 트레이닝을 하면서 재활운동을 하면 운동을 담당하는 뇌의 영역이 활성화되어 효율이 좋아진다는 것을 '뇌-컴퓨터 인터페이스'를 이용해 밝혀낸 연구 결과가 있다. 이렇게 마음과 몸을 연결하는 역할을 '뇌-컴퓨터 인터페이스'가 하는 것이다.

그렇다면 '뇌-컴퓨터 인터페이스'는 감정도 읽을 수 있을까? 예를 들어보자. 기존에는 새로운 브랜드에 대한 평가를 소수의 경영진이나 설문조사를 통해서 진행했다. 그런데 이 방법은 솔직하지 못하거나 대충 대답하는 문제점이 있었다.

그래서 의류 회사 '갭GAP'은 새로 만든 로고를 평가하기 위해 뇌-컴퓨터 인터페이스 전문 회사에 의뢰했다. 새로 만든 로고를 사람들에게 보여 주고 '뇌-컴퓨터 인터페이스'를 이용해 사람들이 새 로고에 대해 어떤 감정을 느끼는지 조사한 것이다. 그리고 실험 대상에게 따로 설문조사를 해 새 로고에 관한 생각을 물었다. 그 결과는 매우 흥미로웠다. 설문조사에서는 새 로고에 호감을 느낀다는 의견이 많았지만, '뇌-컴퓨터 인터페이스'를 통해 측정한 결과는 새 로고에 신선함이나 호의를 느끼지 못한다는 결과가 나온 것이다. 결국 갭은 새로 만든 로고를 사용하지 않는 것으로 결론 내렸다.

브레인 임플란트는 '뇌-컴퓨터 인터페이스'를 구현하기 위해 머릿속에 뇌파를 측정할 수 있는 장치를 다는 것이다. 사람의 몸에 장치를 넣는 방식이 아예 없던 일은 아니다. 파킨슨병 환자의 증상을 완화하기 위해 뇌심부를 자극할 수 있는 뇌심부 자극 장치를 머리에 심기도 한다. 또 심장의 기능이 제대로 작동하지 않을 때 심장을 다시 뛰게 하도록 '제세동기'를 심장에 다는 경우도 있다. 이러한 생체 임플란트는 생체 친화적이어야 하고 작고 가벼워야 한다. '뇌-컴퓨터 인터페이스' 임플란트의 경우 아직 실용화되지는 않았지만, 많은 연구자가 실용화를 위해 노력하고 있다.

거짓말 탐지 MRI도 흥미롭다. fMRI를 이용해 거짓말을 잡아낸다는 그런 영화 같은 이야기가 아니다. fMRI 영상을 가지고 결과를 해석할 때 얼마나 주의해야 하는가를 보여 준다. 죽은 연어는 당연히 뇌활동이 없다. 그런데 fMRI에서 반응이 나왔다고 죽은 연어가 생각한다는 것은 당연히 아니다. 이처럼 fMRI의 결과만을 무조건 믿는다면 이런 결과가 나올 수 있다. 그러므로 누군가가 fMRI를 이용해 거짓말을 잡아낸다고 이야기한다면, 그 결과를 얼마나 신뢰할 수 있을지 고민해야 한다.

뇌는 여러 가지 신경이 모여 있는 기관이다. 각각의 신경이 다른 신경과 어떻게 연결되어 있는지 알게 된다면, 우리의 뇌가 어떻게 기능하는지 더욱 잘 이해할 수 있을 것이다. 그러나 문제는 이것이 쉬운 일이 아니라는 것이다. 신경세포가 302개인 예쁜 꼬마선충의 뇌신경 지도를 만드는 데 20여 년이 걸렸는데, 1,000억 개 이상의 신경세포를 가진 인간은 얼마나 오랜 시간이 필요할까. '인간 커넥톰 프로젝트'로 뇌지도를 완성해 우리가 우리의 뇌에 대해 더 잘 이해하게 된다면 여러 가지 문제를 해결할 수 있을 것이다.

뇌는 인공지능과 관련이 많다. 인공지능은 마치 우리와 같이 생각하고 배우는 것처럼 보이지만 그렇지 않다. 물론 인공

신경망 기술은 뇌의 뉴런 구조를 응용해서 만들었지만, 뇌를 닮은 기계가 아니다. 컴퓨터가 발전하면서 중앙처리장치 안의 트랜지스터 집적도는 뇌와 비슷해졌지만, '폰 노이만 방식 컴퓨터'라 근본적으로 우리 뇌의 효율성을 따라올 수 없다. 그러나 '뉴로모픽(Neuromorphic) 칩'처럼 우리 뇌의 구조를 모사한 장치가 나온다면, 언젠가 한계를 극복할지도 모른다.

뇌과학을 넘어서, 뇌공학의 세계로

신경과학을 비롯해 뇌를 다룬 책은 매우 많다. 특히 최근 인공지능의 붐으로 뇌과학 관련 도서의 출간이 봇물 터지듯 쏟아지고 있다. 하지만 여러 가지 측정 장비와 기법을 만들어 신경과학의 발전에 큰 역할을 하는 뇌공학에 대한 교양서적은 드물다.

《뇌를 바꾼 공학, 공학을 바꾼 뇌》에서는 13가지 주제로 저자 자신을 포함한 여러 연구자의 연구 성과를 설명함으로써, 뇌공학의 현재와 미래를 흥미롭게 그리고 있다. 우리가 뇌에 대해 가지는 수많은 상상을 연구자들이 어떻게 이루어 왔고, 앞으로 어떻게 이루어 나갈 것인지 잘 보여 주는 책이다.

저자인 임창환 교수는 서울대학교 전기공학부(현, 전기정보공
학부)를 졸업하고 동 대학원에서 석사와 박사학위를 받았다.
미국 미네소타주립대 연구원과 연세대학교 의공학부 조교수
를 거쳐 2011년부터 한양대학교 공과대학 바이오메디컬공학
과 교수로 재직 중이다. 현재 한양대학교 뇌공학연구센터 센
터장을 맡고 있으며 인공지능학과, 융합전자공학과의 겸임교
수도 맡고 있다. 현재까지 뇌공학과 패턴인식, 기계학습, 인지
과학 분야의 논문을 발표했으며 6개 국제학술지의 부편집장
도 맡고 있다.

임창환 교수는 인간의 뇌와 기계를 연결하는 '뇌-컴퓨터 인
터페이스' 분야에서 세계적으로 두각을 나타내고 있는 뇌공학
자이지만 공학 문화의 확산과 과학 대중화에도 관심이 많다.
과학재단 KAOS 강연을 비롯한 다수의 대중 강연과 방송 출
연을 통해 뇌공학과 뇌과학을 대중에게 널리 알리고 있다.

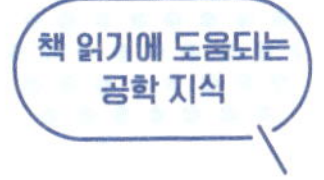

MRI와 fMRI

뇌공학을 연구하다 보면 사람의 뇌를 직접 다루게 된다. 하지
만 뇌에 도구를 직접 연결해 무언가를 측정하는 일은 매우 어

렵다. 뇌 수술 과정에서 치료를 목적으로 뇌 지도를 작성하는 경우처럼, 의학적 필요에 의해 정보를 얻는 것이 아니라면 단순한 실험을 위해 사람의 뇌에 전극을 붙이거나 삽입하는 것은 사실상 불가능하기 때문이다.

이 때문에 쥐나 원숭이의 뇌를 이용한 실험이 이루어지기도 하지만, 사람의 뇌가 아니다 보니 실험 결과에 의문이 남는 경우도 많다.

이러한 한계를 극복하기 위해 뇌에 직접 장비를 연결하지 않고도 뇌 활동을 관측할 수 있는 장치들이 개발되었다. 대표적인 것이 '뇌파 측정기'와 'fMRI(Functional Magnetic resonance imaging, 기능적 자기공명영상)'다.

뇌파 측정기는 뇌에서 발생하는 전기 신호를 대뇌피질이나 두피에서 기록하는 장치다. 우리가 흔히 머리에 전극을 부착하고 신호를 측정하는 장면을 떠올릴 때, 바로 이 장비를 사용하는 것이다.

또 다른 장치인 fMRI는 뇌의 특정 부위에서 신경 활동이 활발해질 때 그 부위로 혈류가 증가하고 산소 교환이 활발해지는 현상을 영상으로 촬영한다. 이를 통해 뇌의 활동을 간접적으로 관찰할 수 있다.

fMRI는 MRI(Magnetic Resonance Imaging, 자기공명영상)를 촬영할

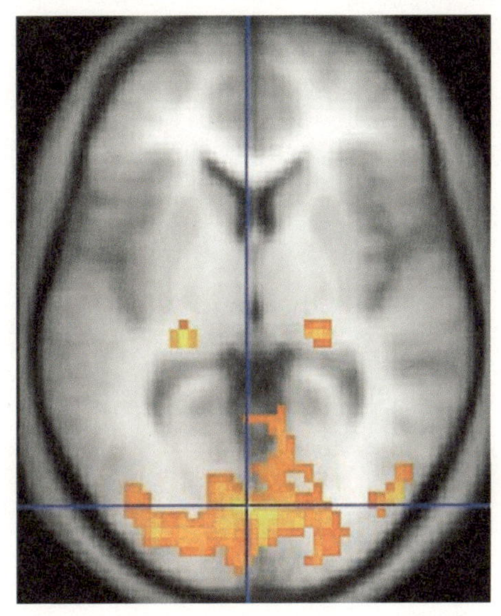

fMRI, 노란색 부분이 뇌 혈관에서 산소 교환이 활발해진 곳이다.

때 사용하는 기술 중 하나이다. MRI는 원래 유기 화합물의 구조를 분석하기 위해 개발된 NMR(Nuclear Magnetic Resonance, 핵자기공명) 분석법에서 유래했다. 강력한 자기장을 유기물에 가하면, 그 안의 수소 양성자들이 한 방향으로 정렬되면서 유기물 전체가 잠시 자석처럼 변한다. 이 상태에서 특정 주파수의 전자기파를 쏘면 수소 원자핵이 진동하게 되고, 이에 따라 자기장이 변한다. 이 변화는 유기물의 구조에 따라 다르게 나타나므로, 이를 통해 물질의 구조를 파악할 수 있다.

사람의 몸 역시 유기물로 이루어져 있어 이 원리를 그대로 적용할 수 있다. 근육, 피부, 뇌 등은 모두 유기물이지만 서로 다른 특성을 지니므로 MRI 영상에서는 각각 다른 반응을 보이며 구분할 수 있다. 뇌도 예외는 아니다. MRI 촬영 시 설정을 조정하면, 유기물 중에서도 뇌의 산소 교환에 관여하는 '환원헤모글로빈'의 농도 변화에 집중해 관찰할 수 있다. 앞의 사진에서 노랗게 빛나는 부위는 환원헤모글로빈의 농도가 높은 영역이다.

fMRI를 활용하면 다양한 연구를 수행할 수 있다. 그중 대표적인 예가 뇌 지도를 만드는 것이다. 어떤 행동을 하거나 생각을 할 때, 뇌의 어느 부위가 활성화되는지를 관찰함으로써 그 기능을 파악할 수 있다. 예를 들어 무서운 사진을 보았을 때 활성화되는 뇌 영역을 확인하면, 공포를 느끼는 데 관여하는 부위가 어딘지 알 수 있다. 또한 활성화의 강도를 비교해 보면 누가 더 공포에 민감한지도 파악할 수 있다.

fMRI의 가장 큰 장점은 뇌에 전극을 삽입하지 않고도 뇌의 활동을 직접 관찰할 수 있다는 것이다. 뇌파 측정기처럼 두개골과 두피를 통과한 신호를 분석하는 것이 아니라, 뇌 내부에서 직접 정보를 얻기 때문에 더 깊은 뇌 영역의 활동도 확인할 수 있다.

하지만 단점도 있다. 한 번 촬영하는 데 몇 초 정도 걸리기 때문에, 짧은 순간에 일어나는 뇌의 변화를 실시간으로 포착하기는 어렵다. 또 MRI 장비에는 초전도 자석이 필요해 액체 헬륨으로 냉각해야 하므로 비용이 높고 장비 자체도 복잡하다. 게다가 실험은 밀폐된 공간에서 이루어지며 기계 작동 시 큰 소음이 발생하므로, 실험 참가자가 불안이나 공포를 느끼는 경우도 있다.

참고자료

브레인 3.0, 임창환 지음, Mid, 2020
영화 〈루시〉, 2014
영화 〈인셉션〉, 2010

공대를 꿈꾸는 청소년을 위한 필독서 10

공대로 가는 중입니다

초판 1쇄 발행 2025년 7월 30일
초판 2쇄 발행 2025년 11월 10일

지은이   이충한
펴낸이   이혜경
펴낸곳   니케북스
출판등록   2014. 04. 7 | 제 300-2014-102호
주소   서울시 종로구 새문안로 92 광화문 오피시아 1717호
전화   02) 735-9515 | **팩스** 02) 6499-9518
전자우편   nikebooks@naver.com
블로그   blog.naver.com/nikebooks
페이스북   www.facebook.com/nikebooks
인스타그램 (니케북스) @nike_books
　　　　　　 (니케주니어) @nikebooks_junior

ISBN 979-11-94809-07-4   43530

니케주니어는 니케북스의 아동·청소년 브랜드입니다.

책값은 뒤표지에 있습니다.
잘못된 책은 구입한 서점에서 바꿔 드립니다.